2017 年国家社会科学基金艺术学项目"纺织类非物质文化遗产价值评价及分类保护路径研究"（项目编号：17BG135）

纺织类非物质文化遗产价值评价及分类保护路径研究

FANGZHILEI FEIWUZHI WENHUA YICHAN JIAZHI PINGJIA JI
FENLEI BAOHU LUJING YANJIU

赵　宏◎著

中国纺织出版社有限公司

内 容 提 要

中国纺织类非物质文化遗产是具有悠久历史的重要行业类非遗，承载着纺织行业、纺织人最广泛、最深切的情感与生活，是纺织强国建设重要的精神内核。基于多元视角分析中国纺织类非遗价值构成及保护策略，对于促进其传承与创新具有重要的现实意义。

本书融合民俗学、生态学、管理学等理论，基于非遗保护与社会生态双耦合的思路，创新性地构建了纺织类非遗价值评价体系，有针对性地提出了纺织类非遗社会生态差异化保护路径。

本书既适合对纺织类非遗保护感兴趣的读者阅读，也可以为纺织类非遗保护领域的实践工作者、相关政府部门和理论研究人员提供参考。

图书在版编目（CIP）数据

纺织类非物质文化遗产价值评价及分类保护路径研究 / 赵宏著 . -- 北京：中国纺织出版社有限公司，2023.7
ISBN 978-7-5229-0607-2

Ⅰ. ①纺… Ⅱ. ①赵… Ⅲ. ①纺织 — 非物质文化遗产 — 评价 — 研究 — 中国②纺织 — 非物质文化遗产 — 保护 — 研究 — 中国 Ⅳ. ①TS1

中国国家版本馆 CIP 数据核字（2023）第 091733 号

责任编辑：华长印 朱昭霖 责任校对：王蕙莹
责任印制：王艳丽

中国纺织出版社有限公司出版发行
地址：北京市朝阳区百子湾东里 A407 号楼 邮政编码：100124
销售电话：010—67004422 传真：010—87155801
http://www.c-textilep.com
中国纺织出版社天猫旗舰店
官方微博 http://weibo.com/2119887771
北京华联印刷有限公司印刷 各地新华书店经销
2023 年 7 月第 1 版第 1 次印刷
开本：710×1000 1/16 印张：11
字数：156 千字 定价：198.00 元

前言
PREFACE

　　中国纺织类非物质文化遗产（后文简称：纺织类非遗）是具有悠久历史的重要行业类非遗，具有项目多、形式广、地域分散的特点，且与文化环境密切相关。其文化空间相对独立，社会生态环境具有一定的脆弱性，甚至有些项目无人传承、濒临消失，导致保护与发展迟缓、针对性不强、措施较乏力。随着非遗保护实践的深入，其价值构成和评价标准亟须进一步研究。此外，社会环境飞速变化，何种非遗保护路径能够适应新形势，成为政府与民间、学界与业界共同关注的问题。

　　国内外关于纺织类非遗价值和保护路径研究起步较晚，对非遗价值的研究或就价值研究非遗价值，或就保护研究非遗保护，而将二者结合，以多维价值测度体系为参考标尺的分类保护路径的研究却鲜少有之。因此，基于多元视角分析中国纺织类非遗价值构成，确定不同价值构成的非遗项目与环境适宜性关系并采取有效分类保护措施，具有重要理论意义和实践指导意义。

　　本书将非遗保护置于社会大系统中，提出非遗保护与社会生态双耦合的全新思路。将研究范围深入价值评价及分类保护等微观层面，首次提出"37NN"纺织类非遗价值评价体系。同时创新研究方法，突破当前研究中多基于社会、法律视角，融合民俗学、艺术学、生态学、经济学、管理学等不同学科的理论，并利用相关量化模型进行研究，丰富该领域的量化研究方法。在此基础上，有针对性地提出纺织类非遗社会生态差异化保护路径，为政府部门制定非遗保护政策、开展文化工作等提供借鉴和参考，为企业参与非遗保护和实施分类开发，实现非遗创造性转化和创新性发展提供理论和实践依据。

　　本书由国家社会科学基金艺术学项目《纺织类非物质文化遗产价值评价及分类保护路径研究》部分成果及后续研究成果集合而成。全书由赵宏教授负责，天津工业大学马涛、尹艳冰、姜弘、王巍、赵坤、张亮、温宇静以及天津财经大学纪春明参与了本书的编写。由于作者水平有限，本书难免存在不足，敬请广大读者批评指正。

著者

2023年2月

目录
C O N T E N T S

纺织类
非物质文化遗产价值评价及分类保护路径研究

第一章

理论基础与文献综述

　　本章主要界定了"纺织类非遗""纺织类非遗的文化生态系统""纺织类非遗的价值""价值评价""适应性测度"等主要概念；探讨了国内外关于文化生态和价值评价与分类保护研究的相关基础理论；系统梳理了与本研究相关的文献，并进行了评述。相关文献主要聚焦非遗价值及其构成的研究、纺织类非遗价值构成的研究、非遗价值评价方法的研究、社会生态视角下非遗价值及评价的研究、纺织类非遗社会生态系统及非遗保护的研究等方面。

第一节　主要概念界定

（1）纺织类非遗。纺织类非遗是指与纺织品和服装有关的纺织工艺、传统图案及设计等非遗的统称，从国家级非遗项目类别来看，涉及传统美术、传统手工技艺、民俗三个类别。具体而言，纺织类非遗涉及原材料、面料、印染、刺绣、民族服饰和鞋帽配饰六大类。

（2）纺织类非遗社会生态系统。纺织类非遗的社会生态系统由三部分组成：人、纺织类非遗项目、社会生态环境（图1-1）。

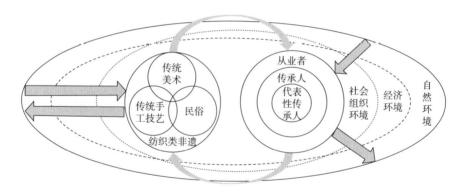

图1-1　纺织类非遗的社会生态系统

系统中的"人"主要包含三部分：首先是代表性传承人，这部分传承人掌握了纺织类非遗代表性项目的核心技艺，生产了该项目的代表性作品，其技术水平、文化底蕴在本项目的传承人群中首屈一指，其作品一般定位于高端市场；其次是传承人，这部分传承人较长时期地从事该项目的传承活动，具有较高的技艺水平和较深的文化积淀，但其技艺、作品还不能成为该项目的代表，其作品一般定位于中端市场或者中高端市场；最后是从业者，这部分传承人主要是作为纺织类非遗项目的大众从业者存在，受到该项目的利益驱动或者出于个人爱好，其作品一般是面向大众市场。社会生态是人的存在依据，人的活动使社会生态成为一个发展变化的动态系统。

系统中的"项目"，从类别上看，主要包含传统美术、传统手工技艺和民俗三个类别；从层级上看，包含国家级、省级、市级、县级四个层次；从工艺上看，分为初级原材料加工技艺，纺织服用面料、辅料织造技艺，印染技艺，刺绣技艺，民族服饰制作技艺和鞋帽配饰制作技艺六个大类。

系统中的"社会生态环境"由纺织类非遗及人们所处的自然环境、经济环境和社会组织环境组成。

自然环境是指"被人类改造、利用，为人类提供社会生活的物质资源和活动场所的自然系统"。自然环境为纺织类非遗提供了物质载体和手段，是其产生和发展的物质基础；也为纺织类非遗提供了创作发现的灵感，是其文化基因的宝库。我国纺织类非遗项目生存的自然环境涵盖了从大兴安岭的白桦树林到海南岛的亚热带海滩。

经济环境是指"人类加工、改造自然以创造物质财富所形成的生产条件和物质基础"。经济环境是纺织类非遗产生、发展的经济条件。经济环境为纺织类非遗提供了生产基础、生产方式、生产规模、消费能力和市场规模等要素。我国纺织类非遗产生于自给自足的小农生产方式，在自然经济中形成了封闭的以家庭为单位的"男耕女织"的生产分工，其首先是满足家庭消费使用，再是交换一些柴米油盐之类的生活必需品。

社会组织环境是指"人类创造出来为其社会活动提供协作、秩序、目标的组织条件，包括社会组织、机构、制度等结合而成的体系"。社会组织环境是纺织类非遗产生、发展的社会条件。

（3）纺织类非遗的价值。非遗是人类文化的一个重要组成部分，可以"为社区和群体提供认同感和持续感，从而增强对文化多样性和人类创造力的尊重"，在满足个人需要和社会需要中具有重要功能，所以具有价值。在文化遗产保护领域，价值是某客体对于人类社会的意义，人的观念决定了对价值对象意义的解释，因此人的行为、需求和主观感受是衡量价值高低标准的重要影响因素。

本书对非遗价值内涵的认知以意义论的观点为基础，参考文化遗产保护领域价值的内涵，将纺织类非遗价值界定为"纺织类非遗向人们及社会呈现出的意义"，这种意义具有双向性，一方面是作为客体的非遗客观具有的；另一方面取决于作为主体的人在不同时代、不同地区、不同文化背景下对于非遗的主观认可程度。

（4）价值评价。"价值评价"是主体对客体属性与主体需要之间关系的一种反映，是主体按照一定的标准对客体的价值属性作出的肯定或否定的判断。在价值评价中，主体感到客体及其属性对自己有用、有利、有益，就作出肯定性的判断；反之，就作出否定性的判断。价值评价是主体对客体的评价，是基于主体所要达成的目的、需求和感受，采用某种定量或定性的方法对客体所产生的效用、意义进行评判，核心是价值主体的需要与价值客体的属性及功能的关系。

价值不是从一开始就有的，是实践的产物。随着环境、社会的发展和人的价值观等的改变，主体对其价值就自然产生了"好"与"坏"的不同品评，这种品评与世俗道德、伦理观念及本体价值密切相关，既有物质上的尺度衡量，也有精神上的偏好与自觉，还有时间上的差异。

（5）适应性测度。适应性测度是指对非遗项目在资源、产品和市场要素的科学评价中，建立一套科学的指标体系，采用ANP法借助Super Decisions软件，对非遗项目的核心要素的子指标进行综合评分，最终汇总获得核心要素的总体评分，对核心要素的评价和结果即为适应性测度。

第二节　理论基础

一、生态理论

"生态"（ecology）一词来源于生物学界，意指生物自然中的生存状态、发展状态，及其与环境之间的相互作用关系，简言之就是自然、有机生命体与周围世界的关系。生态的核心在于动植物与生存环境之间的相互关系，进一步系统化之后就形成了"生态学"学科。1935年英国植物学家、生态学家坦斯利（A.G.Tansley）提出了"生态系统"（Ecosystem）的概念，即生态系统是一个有机整体，系统内相互作用，构成动态平衡，这是生态系统最显著的特征，也是生态学的核心。

在此之后，生态学不断吸收物理学、数学、化学、工程学等相关学科的研究成果，逐渐形成了自己的理论体系。信息论、系统论等也为生态学带来了自动调节原理和系统分析方法，使揭示生态系统中物质、能量和信息之间的关系成为可能。生态系统的研究很自然地涉及整个生物圈，使生态学与地理学、物理学、化学等自然学科交叉，产生了化学生态学、物理生态学、进化生态学等交叉学科。

随着经济的快速发展，人类经济活动对资源环境造成的影响也越来越大，亟须找到一门系统的学科来协调人类活动、自然资源和环境之间关系，生态学等相关学科的出现为解决该问题提供了有益的理论参考。因此近代生态学的相关研究已扩大到自然—社会—人类的复合系统。首次"联合国人类环境会议"通过了《斯德哥尔摩人类环境宣言》，宣言中涵盖了处理人类与环境问题的共同原则，这是第一次将生态环境问题列入了国际事务，不仅代表着人类对生态环境认识达到新高度，还反映了人类已经将生态环境问题拓展到自身的精神、社会以及环境与和平、经济、社会协调发展的领域。

20世纪70年代以来，随着生态危机的日益严重，现代生态学开始同社会科学相互渗透，"生态的思考""生态的理解"成为研究问题的全新视角，基于生态视角探究经济发展的相关问题成为主流的发展趋势。

总体来看，生态学经历了多个发展阶段，在不断发展完善过程中形成的生态学规律是其发展的突出成就。生态学的基本规律虽然有多种解释，但是归结起来是生物适应环境的规律，是生态系统中各种生态因素相互作用、相互协调促进的规律，是生态系统中实现物质循环、转化和再生的规律，是生态系统有序进化的规律。总结生态学的基本观点，具备如下四个特征：

第一章　理论基础与文献综述

第一，任何有机物及其群体，甚至一个区域或社会的存在和发展都是它们与物质的、人文的环境交互作用的结果。

第二，生态内部的多元因素不是简单的相加，而是通过联系、影响、竞争与合作存在和发展着。

第三，多元因素的联系、影响、竞争与合作具备一定的规律。遵循这些规律，才能保持平衡。这种平衡是一种相对静止的平衡，是动态发展的，不是永恒的。正是这种动态发展推动了事物的发展。一旦相对静止的平衡遭到破坏，生态系统的稳定性就会受到影响。

第四，从生态的观点来看，事物的发展也具有一定的生命周期，要经历从形成到发展直至消亡的过程。

二、非物质文化遗产理论

21世纪兴起的非物质文化遗产保护，是联合国教科文组织和各国政府共同推动起来的。非物质文化遗产概念的诞生并非始于学界，而是产生于主权国家之间的博弈和达成共识的国际公约中，在各国政府的推动下被学界所认可、被普通民众所熟知。

非物质文化遗产的基础学科是民俗学，民俗学因其学科研究的特点而被中国早期学者称为文化考古学。民俗学确立于19世纪中期，到20世纪左右，随着对人类知识认知的深入，民间流行的一些知识被具体细化，进而归纳演绎成一门新的独立的学科。但民俗作为人类智慧的母体，其间尚有大量人类的知识和智慧，依然还没有得到挖掘和发扬光大。非物质文化遗产保护的开展，使其焕发了青春和活力，但仅仅依托民俗学这一学科来探究非物质文化遗产还远远不够，例如几近绝迹、精美绝伦的松江顾绣，不仅是民间工艺的造物，而且是民间绣娘的刺绣绝技和当时画坛泰斗及杰出传统绘画作品的结合；昆曲艺术除了包含民俗学学科的内涵外，还有戏曲与曲艺的知识。人类这些优秀的知识和智慧，现有的单一的学科理论基础已不足以概括，非物质文化遗产学展示了被重新定义的人类文化知识体系的学科分类。

非物质文化遗产学是一门新兴学科，这个学科不同于哲学和史学，它更加侧重于对实际问题的研究，因此这个学科的诞生既是顺应社会实践的要求，也是学者开展科学研究发展的需要。从社会实践而言，非物质文化遗产学来源于非物质文化遗产的社会实践，同时服务于人类保护非物质文化遗产的现实要求；从非物质文化遗产保护实践来说，必须认识、总结和提炼非物质文化遗产的概念、特点、形态、类型和发展规律等基础知识，必须处理和解决在保护实践中遇到的保护与开发、继承与发展的关系问题。对于这些现实问题，必须有系统的理论进行指导，这种系统的理论必须从学科中获得。从传统学科的发展而言，随着社会分工的不断发展和各学科之间联系的不断加强，传统学科在不断走向专业精细化的过程中出现了跨学科发展的倾向，表现为边缘学科、交叉学科的发展。在这样的学科发展要求的背景下，非物质文化遗产学就是典型的交叉学科、边缘学科，它打破了传统学科对象的条状模式，非物质文化遗产学科化是传统学科革新要求的体现。这些也是我们探究非物质文化遗产相关问题所要遵循的学科基础。

三、价值理论

（一）环境价值理论

文化遗产是人类赖以生存和发展的生态环境的重要组成部分之一，在人类生存发展过程中发挥着重要的作用。因此，环境价值理论是非物质文化遗产保护和发展的又一理论基础。环境价值理论是资源环境经济学的相关理论。价值指的是客体在某些方面能够给主体带来一定的满足，根据满足程度的高低赋予其相应的价值，环境价值是基于人的理解、人的需求赋予环境的相应价值。价值追求是非物质文化遗产保护和研究的基本动力。

非物质文化遗产是包括实用价值、历史价值、艺术价值、科学价值、精神价值、经济价值、社会价值等价值内涵的综合体，涉及美学、艺术学、建筑学、民俗学、经济学等多方面的专业知识。非物质文化遗产的环境价值主要源于其多元化、体系性、动态性的价值构成特点。所谓非物质文化遗产的环境价值，是指把非物质文化遗产作为一种特殊客体，其对于作为主体的人类的环境本性和需求所具有的意义，这种意义主要表现为非物质文化遗产具有能够满足人类发展和精神享受需要的功效。非物质文化遗产的环境价值包括了资源价值和生态价值两个方面的内容。其中，一部分是比较实际的、有形的物质性产品价值，即资源价值，这是环境价值中可以量度的经济价值；另一部分是指环境价值中无形的功能性的服务价值，即生态价值。

（二）文化相对论

文化相对论是非物质文化遗产价值认定更为深层的理论基础，为非物质文化遗产价值判断提供了哲学基础。文化相对论从更为客观的角度为非物质文化遗产的价值判断提供了标准，它尊重文化遗产的历史性和特殊性，每一种不同的文化遗产都有其产生的独特背景，只有结合该文化的历史、地理和社会环境才能达到对该文化的理解。因此，每一种文化都有其存在的独特价值，没有高低优劣之分，其价值评判标准也不应该是绝对和唯一的。非物质文化遗产蕴含了不同民族、不同群体源于生产生活的创造实践，并通过不同的形式进行展现，从这个角度讲，非物质文化遗产的传承和发展深刻体现了文化相对论思想。

文化相对论也同时对种族主义和西方文化中心论进行了深刻反思，并在非物质文化遗产保护运动中得以彰显。文化价值的判断不再局限于原始、野蛮、落后还是现代、文明、进步，而是充分彰显不同文化的独有特点。大量的非遗在历史上不曾纳入雅文化的范畴，不曾为典籍记载，甚至被讥笑为封建、落后、低端，然而它们却在民众的生活中代代相传，承载族群和地域文化珍贵的基因，而今，它们的价值日渐受到重视和肯定，被纳入人类文化遗产的范畴，并通过多种方式得以传承和弘扬。

四、RMP（资源、市场与产品）理论

旅游产品昂谱（RMP）分析理论于20世纪90年代提出，提出者是北京大学

城市与环境学院吴必虎教授。该理论主要以旅游产品为核心，从 R、M、P 三个视角对研究对象进行分析［其中资源要素（R），即资源分析和产品转化等；市场要素（M），即产品旅游偏好等；基于此进行产品要素（P）的分析，即产品的创新和开发］，最终提出旅游产品的开发和发展思路。

吴必虎教授旨在通过这三个视角的分析，能够较为全面的得出旅游地区的开发手段，意在解决当地旅游相关的规划建设问题。这当中产品分析作为整体规划与开发的框架，涉及设计理念、空间结构的优化、历史内涵的突出以及经典产品的打造等。而在对纺织类非遗的研究中，可以借助 RMP 理论，不仅从产品要素层面进行研究，还要从资源要素和市场要素层面进行研究，实现全方位的涵盖纺织类非遗适应性保护研究中的要素条件，从而以产品为核心，以资源和市场为路径切入点，建立一套更加科学、立体的差异化保护体系。

五、可持续发展理论

可持续发展理论其宗旨在于一方面可以满足当代人的需求，另一方面也不对后人的同等需求造成威胁和干扰。这一理论从 20 世纪 60 年代开始出现，到 20 世纪 80 年代末正式提出，经历了很长时间的发展。理论的提出是美国女生物学家蕾切尔·卡逊（Rachel Carson）在 1962 年发表的一本环境科普类论著，引发了人们对发展和环境之间相互关系的讨论。1987 年，以时任挪威首相布伦特兰（Gro Harlem Brundtland）为代表的世界环境与发展委员会在联合国大会上正式提出可持续发展概念，主要探讨在人类的快速发展与生态环境的冲突中面临的一系列问题，得到了各国乃至社会各界的重视。

可持续发展理论提出的核心在于人类与环境的和谐相处和长久发展。相较于非遗的保护与发展，可持续发展理论强调的是在人类社会的快速发展中，现代化的进步与传统文化的流传之间的矛盾，问题的重点是能否做到既能保证现代文明的进步，又能做到优秀非遗项目顺应时代发展的潮流，保留精髓，健康的、可持续的发展下去。可见，对非遗的保护与发展，就是对可持续发展理论的运用和验证。

第三节　文献综述

一、非遗价值及其构成的研究

（一）非遗的价值

非遗的价值已经受到国内外诸多学者的关注，而对非遗价值的定义学者们则各持不同的观点，目前还没有形成统一的划分标准。

国外：利佩（Lipe，1984）将文化遗产的价值描述为经济价值、审美价值、联想象征价值和情报价值。弗雷（Frey，1997）将文化遗产价值分为财政价值、选择价值、存在价值、遗赠价值、声望价值和教育价值。迪肯（Deacon，2004）认为，非遗的传承离不开个人和团体，只有被个人或团体使用、传承才能体现非遗的价值。

国内：王文章（2006）认为非遗具有丰富的历史资源、文化资源、审美资源、科学资源、伦理资源、教育资源、经济资源和创造资源等及其与之相对应的社会文化功能。韩基灿（2007）认为非遗具有历史价值、文化价值、精神价值、科学价值、和谐价值、审美价值、教育价值和经济价值。苑利（2008）认为非遗具有历史认识价值、艺术价值、文化价值、社会价值以及科学价值。张鸿雁、于晔（2008）认为非遗具有历史传承价值、审美艺术价值、经济价值和社会和谐价值。葛慧玲、焦阳、傅丽芳（2015）认为少数民族的非遗价值应包括历史传承价值、科学导向价值、审美艺术价值、社会和谐价值、经济互动价值、民族特色价值和民族精神价值等。周恬恬（2016）认为非遗的价值体系是多维度、多层次的，具有历史、文化、精神、经济、科学、审美、教育、和谐等多种价值。刘芝凤、和立勇（2018）认为非遗基本价值包括"历时性基本价值：历史价值、文化价值、精神价值"和"共时性基本价值：科学价值、和谐价值、审美价值"，除此之外，还有时代价值并表现为"教育价值、经济价值"。郝志刚和李娟（2020）在研究海洋非物质文化遗产价值体系构建过程中，将非遗价值分为基础价值（分为本体价值和空间价值）和核心价值，基础价值中的本体价值与其他学者的研究一脉相承，涵盖了历史价值、文化价值、艺术价值和科学价值，而空间价值则抽象为本源性价值和空间延伸价值；核心价值体现了价值生成，主要由证史、文化认同、和平、发展、正名、教育和创意等7种价值组成。李向振（2021）将非遗价值分为外在价值和内在价值，外在价值由政府、社会和学者等多方主体所赋予，内在价值则由非遗文化所有人所赋予，实现非遗保护，需要在两者间达到最大限度的共识。

还有很多学者从不同侧面研究非遗的价值，比较有代表性的观点有三个方面：

1. 精神价值和文化价值方面

刘魁立（2016）认为非遗是民族文化之根，是民族精神之魂，应该被看作精神财富，有更高的价值判断。刘倩（2020）认为非遗是中华优秀传统文化的重要组成部分，通过非遗可以培育大学生的文化自信，弘扬民族精神，引领社会主义核心价值观。刘霁萱和杜文静（2021）在研究将非遗艺术应用于景观设计的过程中，认为非遗艺术既包含物质内容又包含精神内容，是二者的融合，将非遗艺术应用在景观设计实践，对非遗艺术能够丰富其精神与价值，对景观设计则可以增加其设计元素，提升其文化内涵。王美诗（2021）认为非物质文化遗产和物质文化遗产是具有"无形价值"的文化遗产，在对非遗进行展示时需要着重体现其精湛的技艺、非凡的智慧和表达的情感。

2. 经济价值和社会价值方面

刘芝凤、和立勇（2018）同时认为受社会、市场经济的制约，非遗包含可开发和不可开发的部分，不可开发的是"弱经济价值非遗"。汤洋（2021）研究了赫哲族非遗的创造性转化与发展问题，认为针对赫哲族丰富的曲艺和音乐资源方面的非遗，可以通过打造音乐文化数字博物馆，推动非遗的大众传播，吸引人们前往实地观看演出进而实现文化旅游的增值。樊坤和袁丽（2021）对于当前舞龙舞狮非遗技艺存在着的整体规划不足、盲目建设、经济价值开发不力等问题，认为要充分利用非遗保护的发展机遇，注重发展规划的整体性、持久性和多样性，加强传统舞龙舞狮平台建设，形成品牌效应，增强融资能力，调动民众共同参与的热情，来获得良好的经济效益和社会效益。

3. 国际传播价值方面

金苗（2021）以大运河文化作为研究对象，认为非遗文化传播建设可基于知名非物质文化遗产具有的历史价值、技术价值和文化价值，以及衍生出的社会价值、经济价值和科教价值，充分利用大运河历史上中外文化交流产生的国际传播价值，提升国际吸引力，提高其国际关注度。徐珍和王宝升（2021）认为非遗剪纸艺术是文化自信的重要体现，也是对外文化交流的重要载体。仇园园（2021）以《同乐江苏》为例，阐释了通过参与式传播可以有效提升外国民众对于国内非遗文化的认知水平，进而提高中国优秀传统文化在国际传播的感召力和影响力。

（二）纺织类非遗的价值构成

关于纺织类非遗价值构成的研究，大致可以分为两个部分：

1. 关于纺织类非遗价值构成的一般性研究

滕晓铂（2004）解析了伊斯兰染织物上装饰直线、曲线和阿拉伯文的花体书法这三元素的象征寓意。袁媛（2008）从历史价值、科学价值、审美价值、教育价值和经济价值五个方面分析了手工染织文化遗产的文化内涵。吴爱峰（2011）认为传统草木染艺术的价值体现在美学价值、人文价值和环保价值三个方面。吴伟忠（2016）认为织绣品具有极高的收藏价值，织绣品收藏可从品种、年代、艺术价值等几方面着手。安妮（2016）认为纺织类非遗价值主要表现为历史价值、工艺价值、艺术价值、审美价值、经济价值、文化价值和教育价值等。黄琳（2018）认为服饰是一种无声但又显著的语言和标志，其产生必然与民族群体所处的社会历史背景有密不可分的关系，反映出不同民族在生产生活方式上的差异，体现出该民族的集体智慧和创造力，因此，服饰蕴涵着一个民族或一个地区的历史风貌、民情民俗、审美观念等，是一个民族行走的史书。靳璨、梁惠娥（2020）从社会效益层面分析生产性保护过程中，认为通过公共文化领域的宣传推广，可以潜移默化地推动技艺的多种价值深入人心。

2. 关于纺织类非遗具体项目价值构成的研究

赖凡英（2006）分析了湘绣的工艺和审美包含的艺术价值。朱亮亮（2007）认为乱针绣的艺术价值在于它不仅是对传统刺绣针法的突破，更是将绘画与刺绣完美结合，其画面效果逼真、立体、和谐、丰富、统一。周萍等（2008）总结出汴绣艺术的文化内涵，透过其发展历史和社会生态，将汴绣的题材概括为历史性、地域性、开放性、传统文化传承性。蒋莉（2010）认为土家织锦具有文化价值和艺术特征。王科（2011）认为汴绣是北宋时期政府向高丽、日本诸国乃至现在的新疆地区赠送或交换的主要珍品，当时的国际性影响不可低估，其艺术价值和文化价值突出。董馥伊（2011）从地域特征、历史渊源、色彩运用等方面对比和阐释了新疆传统织毯图案纹样的审美特征与艺术文化价值。黎亚梅（2013）分析了香云纱传统染整工艺的技术审美价值，并从技术和工艺的角度挖掘了香云纱传统染整的内在价值，指出薯莨植物染料染色技艺具有人与自然和谐的生态美。李萍（2014）认为壮族织锦技艺在造型、色彩、图案上体现出浓郁的地方民族特色和地域文化形态，表现了壮族不同时代的审美，其审美受民族文化背景、生存方式、思维模式、宗教信仰等多方面因素影响。杨晓旗（2014）研究了绣的流变及其美学价值。宋文靓（2014）分析了庆阳香包刺绣的文化和艺术价值。王丹丹（2015）分析了陕西秦绣的艺术价值。吴双（2015）分析了马尾绣的艺术价值。徐勤、程骉（2015）认为顾绣具有很高的文献研究价值。苏晓（2015）认为湘西土家织锦有"无字的物质文化史诗"之美誉，在文化艺术、社会历史、民族民俗、科学参考、传承利用等方面有着极高的研究价值。陈莹、吴国玖（2016）认为藏族的唐卡、苗族的蜡染、汉族的刺绣具有十分独特的审美价值。祝敏佳（2016）分析了白族扎染图案的美学价值与艺术特征。商晏雯、尹昕（2016）分析了传统扎染手工艺的文化价值、人文价值、环保价值和商业价值。刘光平（2017）从历史价值、文学价值、科学价值、艺术价值四个方面详细分析了湖南长沙湘绣。成荣蕾（2017）分析了马尾绣的文化价值与审美艺术。王任波（2017）分析了泸溪苗族数纱（挑花）绣的艺术价值。梁雨婷（2018）分析了大理白族扎染的艺术价值。黄彦可、刘宗明（2018）认为拼布从诞生起就体现出节约资源、利用过剩纺织品的绿色理念，具有生态价值。张迪（2020）认为我们应该坚定文化自信，培养文化认同，培育具有中国特色的独特风格，提升非遗消费的文化价值、情感价值和经济价值。姚莉、田兆元（2021）认为推动侗绣传统手工技艺类非遗传承发展，除了一部分人对其的热爱、独特情怀与传承责任等主观原因以外，最根本的动力来自经济、文化、艺术和研究等多方面的致用性价值。

二、非遗价值评价方法的研究

国内外理论界对于非遗价值评价方法的研究比较匮乏，而且是在最近几年才开始有所探讨，更多的研究集中在文化遗产价值的评价方面，或侧重于物质文化遗产价值的评价研究。

（一）文化遗产价值评价方法

在文化遗产价值评价方法的研究方面，国外学者对普遍性的文化遗产价值分析较多。圣阿加塔（Santagata W.）和西尼奥雷洛（Signorello，2000）建议使用条件价值法作为公共文化机构的政策工具，从公共商品和公共服务角度对意大利那不勒斯文化遗产的价值进行了评估。查尔斯（Charles H.S.）和布鲁斯（Bruce E.L.，2001）利用投入产出模型衡量了文化遗产对区域经济的影响。西米拉诺·马赞蒂（Massimilano Mazzanti，2002）利用价值理论对文化遗产的经济价值和文化价值进行评估，认为无论是有形还是无形的文化遗产，都应该在社会经济环境中进行多维度、多属性、多价值的分析和评估。戴维·思罗斯比（David Throsby，2011）提出了文化资本的概念，指出研究文化遗产经济价值和文化价值的评估方法不能相同；认为文化价值包括审美价值、精神价值、社会价值、象征价值、历史价值等，而这些价值并不能完全通过传统经济学中的效用或价格来衡量，应该构建文化遗产经济学将价值重要性进行排序并确定其权重，最终衡量出文化价值。米哈伊拉科布（Mihaelalacob）和费利西亚·亚历山德鲁（Felicia Alexandru，2012）提出了基于个人为保护文化遗产的支付意愿而进行的文化遗产价值评估方法。巴里奥（Barrio）、德韦萨（Devesa）

等（2012）认为应将无形资产评估纳入文化遗产研究范畴，并采用了三重分析方法对文化节进行了价值评估，主要包括分配的个人价值、产生的经济影响和管理制度的效率。萨莱诺（Salerno E.，2020）将多标准决策（MCDM）应用于文化遗产的评价，并提出了建立干预措施以增加其价值的策略。桑塔纳（Santana，2020）研究评估了西班牙加那利群岛流失的历史和文化遗产，将这些遗产元素分为军事、工业、商业/服务和公共基础设施这四类，构建了包括独特性、身份、科学、历史文化、美学和社会性在内的六个变量，邀请了56名专家进行打分，结论是价值最高的遗产元素往往与商业/服务有关，这一结果可以对未来城市规划的文化可持续性产生积极影响。

国内学者对文化遗产价值评价方法的研究，更多的是对物质文化遗产具体项目的研究。许超军（2004）根据人口、工资等各种相关变量建立了凤凰古城消费的多元回归模型，依据旅行费用、时间等各种变量估算了凤凰古城的利用价值。张祖群（2006）以汉长安城大遗址为例，认为进行定量分析难度较大，定性地从社会影响、文化影响和经济影响三个方面总结出大遗址的文化价值。谭超（2009）采用条件价值评估法，利用调查问卷研究了北京焦化厂每年能得到的支付意愿。但文红（2009）采用经济价值的评估模型对遵义会议纪念馆的门票销售收入等指标进行了评价，计算出具体的经济价值。刘志宏（2021）以中国传统村落世界文化遗产为研究对象，利用层次分析法建立价值评估体系，发掘和研究了其突出的普遍价值。王长松、张然（2020）以北京明长城为评价案例，构建了文化遗产阐释体系，通过社会网络生成工具等分析网络评价数据，找出了长城文化遗产阐释存在的问题。

（二）非遗价值的评价

对于非遗价值评价的研究，主要出现在最近几年，还没有精准的、公认的非遗价值评价体系，在价值评价方法方面较多照搬物质文化遗产的评估方法。王文章（2008）认为非遗是对整个社会、整个人类、整个历史而言的，多种多样的价值构成了一个立体、丰富、动态的价值体系，不能仅仅以某一学科来概括。郑乐丹（2010）认为非遗价值评价的目的并不是评价其价值高低，而是通过评价来了解它们蕴涵的不同价值，找准保护的定位和策略。苏卉（2010）将灰色系统理论引入非遗旅游价值评估中，采用专家评估法、层次分析法确定评估指标的优先等级和评估灰类，衡量了资源价值、旅游开发条件和旅游开发潜力。梁圣蓉、阚耀平（2011）采用李克特五点式量表对评估指标的重要性进行排序，利用因子分析法构建了非遗旅游价值评价的量化模型。周恬恬（2016）认为非遗的价值及其特征没有统一明确的界定，仅采用归纳论述的方式概括非遗的具体化值则缺乏理论支撑与系统分析。杨亮、张纪群（2017）认为非遗价值结构研究严重缺失，应该把非遗划入文化科学大的范畴内，运用文化科学的各种学说和研究方法进行分析。陈波、赵润（2020）在研究非遗传承场景评价指标体系实证研究过程中，借鉴了西方场景理论，构建了包含5个一级和31个二级指标的非遗传承场景力指标体系，选取4个直辖市和15个副省级城市作为研究对象，采用运行python熵值法计算权重，评价了中国城市非遗传承水平。聂洪涛、韩欣悦（2021）构建了综合评价与因子评价两个层级的"非遗"影像记录开发利用的评价体系，采用德尔菲法对权重赋值，建立评价模型。

（三）纺织类非遗价值的评价

关于纺织类非遗价值评价方法的研究十分少见，且主要是对具体非遗项目的定性研究，几乎没有涉及具体的定量评价方法。李红杰（2013）通过对比法，分析了苗族传统染料的集采和加工、蜡染的步骤要求和工艺流程与现代工业中机械化染整和工业染布的特点和不同，提出机械化生产效率高的代价是过度规律性，其过多的共性产品失去了手工艺的随机性和民族特色。祝敏佳（2016）根据白族扎染的色彩运用、构图以及图案造型等分析了其独特的美学价值。乔京禄、彭晓燕（2017）从视觉传达角度对蓝印花布的精神内涵和和谐神韵的现代设计中的创新应用价值进行了分析。韩天艺（2017）以京绣为案例，探究了艺术价值、社会价值、经济价值、历史研究价值等，构建了非遗的评价体系。陈慧燕（2020）分析了南京绒花工艺的美学价值。

三、社会生态视角下纺织类非遗价值及评价的研究

　　纺织类非遗社会生态的研究多从文化生态视角切入的案例研究，且多为定性的分析。易晴（2008）认为热贡唐卡是以藏传佛教等民间宗教信仰为价值核心并和社会生活紧密关联的信仰习俗，保护热贡文化和唐卡艺术生态的生存和发展，必须让其以鲜活的状态存在于当代社会生活，并坚持以手工生产方式维护其个性和差异性。邵文东（2009）认为海岛上的黎族织锦的形成与发展受到黎族先民生活的自然环境、社会环境、民族心理和民族风俗的影响。鞠斐（2009）认为"高耸的"地域生态特征带给羌人相对封闭的生活，这种既封闭又优越的地理环境形成了"云朵中的民族"羌绣的独特地域特征；地域范围的差异又形成羌族妇女刺绣技法特色各异，如太平一带用挑绣、纳花、纤花、链子扣等，而汶川一带更善于刺绣。郜凯等（2010）系统地研究了贵州传统蜡染赖以生存的文化生态环境及其演变。莱斯（Lees，2011）以不丹编织布为例，研究了不丹政府对于保持文化身份和文化习俗背景下非遗开发所采取的政策，作者认为年轻人对编制布丧失兴趣与现代化、全球化和社会经济转型有关，因此不丹政府将代表传统文化的编制布转化为帮助不丹进入现代化的重要经济商品。张建世（2011）在对苗族银饰的调查中指出，由佩饰佩戴习俗及其他相关的社会文化环境要素所构成的文化生态是导致黔东南苗族银饰变迁的动因。王金玲（2014）从色彩、图案、工艺三方面分析了布依族服饰赖以生存的文化生态环境。常艳（2016）指出黎族织锦纹样受自然环境、生活习俗、经济、文化、教育等多重因素影响，成为不同方言区的标识性符号；反映了其社会生产、宗教信仰、文化生活等信息。李尚书、石珮锦等（2017）将白族扎染与四川、新疆、湘西等其他地区的扎染进行了对比，并解释了白族扎染由于地理环境、审美偏好、生活习惯、宗教信仰产生的差异而产生的染料和图案上的特色。施晓凤（2017）认为潮绣工艺的形成和发展除了受到一定环境因素、地理位置的影响外，同时还与潮州的府城文化、民俗信仰、侨乡文化有着密不可分的关系。黄琳（2018）提出了文化生态环境是恩施土家族服饰的核心载体的观点，通过对湖北省恩施土家族苗族自治州的实地调研发现，土家族服饰文化虽

然仍旧有部分原生态元素的留存和发展，但同时伴有原料工艺改变、生存空间被挤压、文化载体被破坏、产业发展不合理等问题，说明其文化生态系统正面临严重的失衡危机。张雷（2020）研究发现荆楚纺织非遗馆处在不断变化的社会生态环境中，除了运用数字技术构建数字化生态博物馆，打造包括文化传承保护、生态修复和项目管理等多项内容的新型模式，同时还要注重满足社会群众的需求，要有针对性地对纺织、印染、刺绣、服饰等内容开展专项分类传承保护工作。

四、保护实践方面的探索

（一）政府的保护实践

2005年《国务院办公厅关于加强我国非物质文化遗产保护工作的意见》中指出，对于非遗项目的保护要考虑其所处的文化生态，采取动态整体性保护方式，注重非遗与自然环境、人文环境之间的关联性，对各种文化形态进行综合性、整体性保护。文化生态保护区自此正式由理论研究进入实践探索阶段。

2007年9月，文化部（现文化和旅游部）公布的中国第一个文化生态保护实验区——闽南文化生态保护实验区的"规划纲要"中指出："文化生态保护区是指在一个特定的区域中，通过采取有效的保护措施，修复一个非物质文化遗产（口头传说和表述，包括作为非物质文化遗产媒介的语言；表演艺术；社会风俗、礼仪、节庆；有关自然界和宇宙的知识和实践；传统的手工艺技能等以及与上述传统文化表现形式相关的文化空间）和与之相关的物质文化遗产（不可移动文物、可移动文物、历史文化街区和村镇等）互相依存，与人们的生活生产紧密相关，并与自然环境、经济环境、社会环境和谐共处的生态环境。"

2010年《文化部关于加强国家级文化生态保护区建设的指导意见》中，对"国家级文化生态保护区"进行了界定，即以保护非遗为核心，对历史文化积淀丰厚、存续状态良好，具有重要价值和鲜明特色的文化进行整体性保护，并经文化部（现文化和旅游部）批准设立的特定区域。到目前为止，我国已先后设立了国家级文化生态保护区12个，国家级文化生态保护实验区14个。在"文化生态保护"概念形成之前，联合国教科文组织提出"文化空间（Culture Place）"的概念，以"整体观念"保护与传承非遗。"文化空间"成为保护非遗的重要"时""空"载体。

2014年第三届"中国非物质文化遗产博览会"将博览会的主题确定为"非遗：我们的生活方式"。至此，"生活性""生活化"保护成为"非遗"保护方法的又一新主题。

2016年1月14日，全国非物质文化遗产保护工作会议在江苏省苏州市召开。时任文化部副部长的项兆伦同志强调了在提高中保护、"非遗"走进现代生活、"见人·见物·见生活"的生态保护三个非物质文化遗产保护实践理念。《保护非物质文化遗产伦理原则》（2016）第八条明确指出，非遗的"动态性"与"活态性"应始终受到尊重。本真性和排外性不应构成保护非遗的问题和障碍。

2017年9月21日在杭州举办的第九届"浙江·中国非遗博览会"就是以"非遗生活更美好"为主题，围绕非遗生活化、生产性保护与生态区整体保护等为策展主线，组织举办了系列活动。

2020年，第六届"中国非物质文化遗产博览会"以"全面小康　非遗同行"为主题，全面展示非遗保护传承成果，为新时代文化建设和助力脱贫攻坚、全面建成小康社会贡献非遗力量。

2021年，中共中央办公厅、国务院办公厅印发《关于进一步加强非物质文化遗产保护工作的意见》，提出到2035年使非物质文化遗产得到全面有效保护的主要目标。

（二）学术界对保护理论和实践的学术研究

非遗保护也是学术界热议多年的问题，对非遗保护从理论到实践层面的研究都有所涉及，现阶段学界主流的观点已经从"抢救性保护、生产性保护和整体性保护"转变为"动态性保护、生活性保护、整体性保护"等，具体而言，主要包括以下几个方面：

整体性保护是主流趋势，很多学者都提及保护非遗的生存环境。方李莉（2001）认为快速城镇化与现代化对非遗的生存环境和传统文化多样性产生了威胁。李红杰（2003）提倡对非遗、自然环境、传承人进行整体性保护，认为非遗的保护能促进文化多样性，文化多样性又能促进自然生态平衡。刘魁立（2004）从文化的空间和时间两个维度解释了非遗保护的"整体性原则"。在空间上，保护不是对一个个"文化碎片"或"文化孤岛"的"圈护"，而是对文化全局的关注，不但要保护文化遗产自身及其有形外观，还要注意它们所依赖和因应的结构性环境；在时间上，既要关注文化遗产的历史形态，又要重视其现实状况和将来发展。拉格尔斯（Ruggles，2006）将文化遗产保护由物质文化遗产保护延伸到非遗保护与物质文化遗产保护相结合，提出了文化遗产及其存续环境的整体性保护。张博（2007）认为保护非遗不是仅保护遗产本身，而是保护遗产生存与发展的文化空间。熊晓辉（2012）认为民间手工技艺保护与传承应纠正过去单一、孤立的保护方法，进行整体性保护，并注意保护它们所依赖的文化生态环境。戴其文等（2013）认为建立非遗保护区对纺织类非遗的原生、原地、活态、整体保护传承至关重要。李荣启（2015）认为非遗保护实践中应该恪守的理念与原则是"整体性"，并强调非遗应该在所处的文化生态环境中进行保护，协调好非遗、环境、人三者的关系。黄琳（2018）提出对恩施土家族服饰文化生态进行保护就是使民族文化赖以生成的自然和社会环境和谐、协调、稳定发展，保证其"服饰生态"自身内部各因素的协调关系。易玲、肖樟琪、许沁怡（2021）提出应该处理好两个关系：进一步厘清非遗活态传承与创新的关系，正确处理非遗保护传承与创造性发展之间的关系，在保护中促进传统与现代的深度融合。刘晓春、乌日乌特（2021）在研究呼伦贝尔非物质文化遗产保护和传承工作时建议加强立法，进一步加大对传承人的保护和支持，营造传承保护的文化氛围，加大资金投入，深度发掘非遗资源，促进文旅结合的市场化运作。

非遗走进生活也是现阶段非遗保护的主流观点之一。王军（2002）认为非遗植根于社会生活，社会是滋养非遗的土壤，也是传承的根基。陈勤建

（2006）强调注重非遗与外部环境的关系，注重保护非遗的"原生环境"，强调整体加以保护，反对碎片化，提出了坚持"生活相""生活流"的保护方法。张诗亚（2009）指出，非遗教育是活态教育的重要组成部分，必须走进生活。张玉梅等（2010）探讨了传统民间艺术在工业生产背景下应从原生态走向市场态，适应现代化生活，并与现代科技和外来文化结合。朱以青（2013）分析了手工技艺类遗产的特殊性，认为脱离日常生活会造成需求下降、传承困难，最好的保护方式是贴近民众生活传承与创新。王媛（2013）认为非遗保护理念应从关注非遗存续发展的行为、技艺的物理层面，向关注非遗作为文化符号和人们生活之间的意义关联层面进行转变。李荣启（2014）强调，非遗必须要在生产与生活中保护，且应是科学有效的生活性保护，并设计出了生活性保护的原则、有效方式和根本举措。李旭（2016）通过非遗价值特点以及它与人们生活所具有的共生关系，提出由生产性保护到生活性保护的转变。刘魁立（2016）建议把非物质文化遗产保护工作纳入每个人的生活。谭萌（2021）从公共生活的角度出发，以"撒叶儿嗬"为例，探讨了其在乡村振兴过程中发挥的价值与功能，认为非物质文化遗产的发展与乡村振兴可以在公共生活的形式下形成自下而上的"能动性"发展模式，进而形成调动民众能动性和赋能基层治理的强大力量。李向振（2021）认为非遗保护需要多元主体参与，不同的参与主体赋予非遗保护与传承以不同的意义和利益诉求，呈现出多元价值取向。

原生地、原生态保护和非遗开发也是学者普遍关注的问题，对非遗的开发，学者们仍持不同的观点。贾鸿雁（2007）认为非遗的旅游开发主要有原生地静态开发、原生地活态开发、原生地综合开发等多种开发模式。苑利（2008）认为，在原生状态下成长起来的各种非遗，具有许多次生环境下成长起来的次生文化事项所不具备的独特品质和文化基因，认为外来文化容易导致活态文化遗产原真性、独特性的丧失，包括政府的商业化开发以及学术界满怀善意的改造会造成地方非遗发生变异、失去其原有价值。陈华文（2010）提出在进行非遗保护时，要注重保持其原生态，切忌过度开发。张荣天、管晶（2017）针对非遗旅游开发模式进行研究，指出由于开发方式不得当，会使非遗失去原真性、遭到破坏等问题。郑璐琳（2017）认为当文化生态学被应用于文化遗产保护领域，文化保护对象将从保护文化现象转变为文化生态系统，从物质文化遗产扩展到非遗、物质文化遗产、文化传承人，保护形式有生态博物馆、文化线路等。史会荣、罗国锦（2020）通过分析得出了利用大数据可以对苗族文化的开发利用、发挥其历史文化资源优势产生积极的促进作用的结论。牟宇鹏等（2020）通过案例研究发现，非遗品牌的成长具有生命周期性，针对不同的生命周期要采取不同的保护开发策略：老化休眠期对应唤醒功能认知，要通过加强合理实用的沟通宣传扩大其影响力；成长期对应情感连接，要通过规范化的传播提升其凝聚力；成熟期对应文化融合，要通过合理的认知宣传延长其生命力。萧放、周茜茜（2021）以文旅融合的视角研究了节日类非遗传承的开发，认为应该协调好各个主体之间的关系，注意节日资源的时间节律和地域跨度，注重商业化的同时还要注重展现文化的核心，可以让旅游成为非遗传承的有效载体。李志春、张路得、包长江（2021）针对文化衍生产品，运用模块化思想解构文化产品的构成要素，经过逐项求解再融合的方法与技术构建了系统模型，通过对蒙古族刺绣的分析，得出了非遗文化衍生产品的开发可以成为文化传承与经济增长的融合点，其融合的路径与方法能够决定产品开发利用的效果和成效。

生态博物馆的建设也是最近几年非遗保护的新趋势。霍华德（Howard P.，2002）认为生态博物馆只关注文化传承社区内部的文化生态系统，不同文化传承社区之间的关联性、文化交流并不明显。苏东海（2001）认为优秀传统文化不能失去赖以生存的文化空间，社区层面的生态博物馆实践对保护非遗存续的文化生态系统有一定促进作用。周真刚（2002）认为生态博物馆是对自然环境、文化环境、有形遗产、无形遗产等鲜活的文化及其环境所组成的整体进行保护，利于社区民众对博物馆工作的直接参与，使人们与物、与环境处于和谐的生态关系中并向前发展。道森·蒙杰里（Dawson Munjeri，2009）研究了非遗对国家的象征性意义，并从建设博物馆角度研究了非遗保护体系的基本内容。叶鹏（2014）认为生态博物馆是在特定社区及环境之中对非遗进行的保护，与生态环境保护意识相契合，逐渐成为一种有效的保护文化生态的方式。路平（2017）建议打造香云纱产业园区和构建香云纱产业链，使之成为研发、设计、生产、展览、交流、体验、观光、科普、销售为一体的新型非遗商业综合体。潘彬彬（2020）总结了生态博物馆比传统博物馆在保护文化遗产方面更加突出的特征：以文化遗产的生态保护为核心，除了文化遗产的保护以外，还包含了由其产生的系统环境；展示内容和展示方式较传统博物馆更加丰富生动。

很多学者特别强调对非遗要进行动态性的保护。赵艳喜（2009）认为非遗的系统性和活态性决定了整体性保护是非遗保护的重要原则，因此要保护其存续的文化生态系统，不仅要保护文化的"过去"，更要保护文化的"现时"。刘晓春（2012）指出，非遗本来是"活态"的，不断随时间地点、随情境而发生变化，如果以某种看似科学的、客观的、"本真性"的标准予以固化，则将扼杀非遗的生命力，在本质上违反文化多样性的本意。张兆林（2020）认为传统美术类非遗项目的生产标准具有动态性，拟定及修订需要遵循时代的发展而有所增益或改变，促进文化多样性的传承发展。

对非遗保护主体的探讨也是各有侧重。孙晓霞（2007）认为政府引导下的非遗保护模式在很大程度上忽略了民间文化自然存在的整体性、自然传承方式的特殊性，民间社会自身才是真正保证乡土文化发展下去的根本力量。珍妮特·布莱克（Janet Blake，2000）从非遗理论出发，界定了其概念，并从法律角度对保护体系进行了修正。莱兹里尼（Lenzerini，2011）提出现有的保护方式应进行改进，应充分考虑传承人的作用，应将非遗的保护同国际人权法相联系，并保证非遗的创造者、传承人和其他个人、集体都能够享受到其所带来的好处。王隽、张艳国（2013）认为政府主导并协调全社会积极参与，才是非遗保护的明智选择。苑利（2015）提出了中国非遗保护存在过分重视非遗的项目本身、政府行为代替民间、开发商替代传承人以及文化原生地的静态保护来代替活态传承等问题。王明月（2018）认为传统手工艺的文化生态保护如果较少考虑手工艺人的主体性和文化实践的中介意义，那么任何传统手工艺文化生态保护的效果都可能大打折扣。谢中元（2020）认为非遗传承主体的存活延续，与主体所依存的文化社会基础高度相关，一方面有赖于社会政策环境能否提供正向外动力，另一方面还受制于传承群体内生的主体性和内动力。

五、国内外相关研究评述

从上述文献可以看出，目前国内外相关的研究具有以下趋势：

第一，在研究视角上，从对纺织类非遗本身的研究发展到对纺织类非遗生存的整个社会生态系统的研究。前期的研究侧重于对纺织类非遗具体项目自身的研究，或者是按照传统手工技艺、民间美术、民俗等类别研究，文化生态学提出以来，国内外的研究更强调从文化生态系统的角度，对纺织类非遗的文化内涵、与自然社会环境的结构性关系进行分析。对于保护措施的探究，也强调在纺织类非遗存活的社会文化生态系统的交互作用、自然演变中寻找对策。

第二，在研究层面上，从对纺织类非遗传承现状的外在分析到对纺织类非遗内在价值的分析。前期的研究侧重于对纺织类非遗保护传承的困境、能够进行产业化等方面的研究，近期的研究已经深入纺织类非遗的内在价值，个别学者还构建了非遗价值的评价体系和定量模型，进行了相关的数据分析。

第三，在保护方式的研究上，由生产性保护向生活性保护过渡。学术界的研究，尤其是国内学者的相关研究，一直是紧紧跟随着国家非遗保护的政策导向，前期的研究强调生产性保护，反对产业化开发，认为市场化是对非遗本真性的违背。近期的研究中，更多的学者强调纺织类非遗的"活在当下"，提倡生活性保护，相对于前期对非遗"本真性"的坚持，更强调非遗的"活态性"，认为随着时代的发展，生产方式和技术的改变，纺织类非遗应该不断创新。

第四，在保护工作机制的研究上，由政府主导发展到政府主导与社会广泛参与的保护机制。中国当前的非遗保护成就，得力于各级政府的强力推进。但按照文化生态学的基本理论，非遗的活力在于民间。近期不少学者开始反思政府主导的保护模式产生的弊端，主张在政府主导下，形成社会力量广泛参与的多元力量格局。

国内外关于纺织类非遗的研究，表明纺织类非遗的研究已经进入了一个新的阶段。在新的阶段，必须把纺织类非遗项目当作一个独立的社会生态系统；在寻求传承发展的策略上，必须以纺织类非遗的内在价值分析为基础。这些研究为本书提供了良好的分析视角和研究基础。同时也应该看到，当前对纺织类非遗的研究还存在明显的不足，主要表现为：

第一，虽然对于纺织类非遗价值的分类有为数不少的研究，但对于纺织类非遗的历史价值、艺术价值等方面的具体内容、支撑指标还没有深入研究，对纺织类非遗价值构成的研究还显得有些散乱；纺织类非遗一般性的价值体系还没有构建。这说明，对纺织类非遗价值构成体系的探讨还处于起步阶段。

第二，虽然学术界已经将纺织类非遗项目与其所在的社会生态环境紧密关联，但这种分析才刚刚开始，已有研究或就价值研究非遗价值，或就保护研究非遗保护，未将二者结合形成依据价值评价结果建立以多维价值测度体系为参考标尺的分类保护路径。

第三，分析方法仍以定性分析为主，定量分析方法不多，研究方法较为单一。缺乏对非遗保护的定量研究，尤其是对纺织类非遗保护适应性测度研究更是鲜见，仅依据定性分析得出的对策建议的可靠性和可操作性有待加强。

综上所述，从社会生态的角度探讨中国纺织类非遗的社会生态环境的具体内涵、价值构成，进行价值的科学评价，并在此基础上探索中国纺织类非遗传承发展的分类保护路径，是一个迫切而必要的研究课题。

价值论认为，价值既有客观性，又有主观性。价值及其构成研究既关系到纺织类非遗理论研究的深度、宽度和广度，也对指导纺织类非遗保护工作实践及其目标实现具有重要意义。本章通过对纺织类非遗的特点分析得出纺织类非遗的价值由两部分组成：基础性价值和遗产性价值。在这两部分价值的基础上又形成了衍生价值。从社会生态学的视角，将遗产性价值分为历史价值、艺术价值、科技价值和精神价值四个方面，并从理论和实践的层面探寻了价值分类的依据。在此基础上，定性分析了遗产性价值四个方面以及衍生价值两个方面的内涵，以定量的方式构建了纺织类非遗价值的四级指标体系。

第二章

纺织类非物质文化遗产价值构成

纺织类
非物质文化遗产价值评价及分类保护路径研究

第一节 纺织类非遗的价值

一、价值

"价值"一词是人们经常使用的基本概念之一。概括来说,目前有关价值内涵的界定大体包括：实体论、劳动论、属性论、关系论、意义论（表2-1）。

表2-1 目前有关价值内涵的界定 [1]

界定	概念
实体论	将价值等同于某种或某类价值物这些客体本身,比如土地、金银等,这种对于价值的认知属于朴素直观的方式,具有较大的局限性
劳动论	是指劳动价值,马克思提出的价值由社会必要劳动时间决定。社会必要劳动时间有两种含义：第一种含义是指平均劳动时间,它决定商品的价值量；第二种含义是指社会总劳动分配上所必需的劳动时间,它实现商品的价值量
属性论	将价值视为事物的"有用性",是事物本身所具有的某种固有属性。这种解释有一定的机械性,难以解释不同的主体对于同一个客体的价值认知可能会存在差异,以及价值也可能会随着环境或者时间的推移而出现差异等情况
关系论	即客体及其发展能够满足主体的需要,主体与客体之间便形成了一种特定关系,从而将价值的高低与主体需要联系在一起,这种解释强调客体能否满足主体需要这一单向的关系,没有认识到主体对客体的效用及影响,忽视了价值关系的双向性和互动性
意义论	即客体对主体的作用,这种作用既可以是积极的也可以是消极的。这种解释一方面肯定了客体价值是客观存在的,另一方面又肯定了作为主体的人在认识、评价价值时的主观能动作用,以及主体对于客体价值产生的影响

从表2-1可以看出,意义论能够注意到价值主客体之间的相互作用,较之实体论、劳动论、属性论、关系论而言更为完善。当今主流的观点是从主客体能动关

[1] 夏征农,陈至立.辞海:缩印本[M].上海:上海辞书出版社,2010.

系的角度去诠释价值问题，认为价值是指"客体的存在及其属性对主体需要的某种有用性及他们之间的特定关系"，即客体对于主体所体现的效用、积极意义。

"价值"还是一个多视角的问题。在不同的领域，价值有不同的衡量方式（图2-1）：

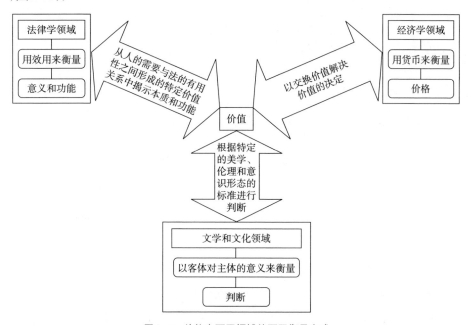

图2-1　价值在不同领域的不同衡量方式

①在经济学领域，价值理论是经济学的基石，商品价值的高低由商品能交换其他商品的数量来决定，根本任务是解决价值的决定与衡量问题。价值通常由货币来衡量，并确定成为价格。这种观点中的价值表现是交换价值。

②在法律学领域，价值是指在人与法的关系中，法所包含的满足人的需要的内在属性，也即从人的需要与法的有用性之间形成的特定价值关系中揭示本质和功能，通常由效用来评估衡量。这种观点中的价值体现在法律对人所产生的积极意义和效用。

③在文学和文化领域，价值被认为是各种"文本"固有的性质，强调"世界对于人的意义，客体对于主体的意义"，人们根据特定的美学、伦理和意识形态的标准，对文本在"传统"或"经典"中的地位进行判断。因此，"价值就成为接受的主体与在复杂社会关系中的客体相互建构的结果"。在这种意义上，由

于社会、历史、文化传统、政治制度、经济体制、伦理观念、习俗等方面的差异，各种价值和价值观的存在都有其理由，不存在普遍适用和不变的价值。这种观点中的价值是以人的内在尺度或主体的尺度为根据的，体现了人的实践活动的方向性和目的性。

二、纺织类非遗价值的特点

（一）传统性

纺织技艺作为人类最早的生产活动之一，具有几千年的历史。从最早的手工纺纱到后来的织布、染色、刺绣等技艺的发展，纺织类非物质文化遗产承载了人类社会发展的历史记忆。千年来，纺织技艺在各个地区和文化群体中得到了保留和传承，成为文化认同和身份认同的重要组成部分。每个地区和民族都有自己独特的纺织技艺和传统纹样，通过代代相传的方式，纺织类非物质文化遗产体现了人们对自己文化传统的尊重和继承。而且纺织技艺的传承需要长时间的学徒制度和师傅传授的方式，这种口传心授的传统方式使得纺织技艺的传承具有独特的性质，也增加了其传统性的价值。

（二）多元化

纺织类非遗的价值不是单一的，而是表现为多元化的价值：历史价值、艺术价值、科技价值、精神价值、社会价值和经济价值等。各价值也不是孤立存在的，它们之间相互依存，有时又可能相互交叉、相互影响，甚至相互矛盾。例如唐卡不仅仅具有丰富的历史价值和艺术价值，还因为在制作时需要创作者怀着虔诚的敬畏之心，所以精神价值也很高；又如白族扎染技艺不仅含有丰富的历史文化资源、鲜明的艺术特色，还能为日常纺织品面料和服饰的生产和开发提供基础，又具有拉动就业、旅游的经济价值，但若过度侧重于经济价值挖掘和经济利益驱动，又会令其艺术价值大打折扣。

（三）体系性

纺织类非遗的历史价值、艺术价值、科技价值、精神价值、社会价值和经济价值等，并不是逐一呈现出来，而是一个内容丰富的综合体，它们共同构成纺织类非遗作为遗产的价值。比如艺术价值，可以体现在款式、图案、色彩等若干方面；历史价值，可以包含宗教信仰、风俗传说等若干内容。

（四）动态性

纺织类非遗根植于特定的时空关系，其价值形成和实现的基础是实践，实践源于人们的生产生活，有历史性的变化和发展过程，在代代传承过程中，尤其是以口头或动作为表达形式的非遗，其历史原貌常会因为传承者个人认识理解、表现手法以及再创作的成分的不同而有所变化，非遗的生存土壤即来源群体生活的自然环境与社会环境也绝非一成不变，因此非遗的价值关系在实践的推动下不断发展变化。纺织类非遗见证着历史和文化变迁，是历史文化的活态体现，但非遗不仅仅是过去，非遗的动态发展变化现在仍在进行并将继续延续下去，其价值内涵和外延也将随之改变。环境因素的变化、人的认识和实践的不断发展，人的需要的变化和提高，非遗的属性和效用也会随之不断地被揭示出来。因此，纺织类非遗价值的认定与评价也会随着时间的推移、环境的变化以及人们认识的深入不断发生演变。

第二节　纺织类非遗价值构成依据

一、联合国教科文组织的有关表述

（一）世界遗产委员会《世界遗产名录》标准

联合国教科文组织世界遗产委员会颁布的《实施世界遗产公约的操作指

南》（以下简称《世界遗产公约》）提出了有关列入《世界遗产名录》的遗产项目的五项标准❶，可以看出，虽然《世界遗产公约》主要针对的是文物、建筑群和遗址等物质文化遗产，但在以上鉴别标准中所提及的"独特的艺术成就""创造性的天才杰作""艺术影响""文明或文化传统的特殊见证""与有意义的事件、思想信仰或文学艺术有联系"等表述也反映了其所承载的"非物质性"文化价值，"在不可逆转的变化的影响下变得易于损坏"则表述了现存状态以及濒危程度。

（二）联合国教科文组织"人类口头与非物质文化遗产代表作"的有关表述

联合国教科文组织对入选"人类口头与非物质文化遗产代表作"制定了相关标准，主要包括文化标准和组织标准。文化标准❷包括"历史、艺术、人种学、社会学、人类学、语言学及文学方面"的特殊价值，同时来源于"文化传统"和"文化历史"，具有"确认身份、特性"的作用和"社会影响""技术出色"的特征，属于"唯一见证"。

---

❶《实施世界遗产公约的操作指南》五项标准：
①代表一种独特的艺术成就，一种创造性的天才杰作；
②能在一定时期内或世界某一文化区域内，对建筑艺术、纪念物艺术、城市规划或景观设计方面的发展产生过大影响；
③能为一种已消逝的文明或文化传统提供一种独特的至少是特殊的见证；
④可作为一种建筑或景观的杰出范例，展示出人类历史上一个(或几个)重要阶段；
⑤可作为传统的人类居住地或使用地的杰出范例，代表一种(或几种)文化，尤其在不可逆转的变化的影响下变得易于损坏，与具特殊普遍意义的事件或现行传统或思想或信仰或文学艺术作品有直接或实质的联系(只有在某些特殊情况下或该项标准与其他标准一起作用时，此款才能成为列入《世界遗产名录》的理由)。
❷"人类口头与非物质文化遗产代表作"文化标准是指被宣布为人类口头及非物质文化遗产代表作的文化场所或形式应具备的特殊价值，主要包括七个方面：
①是具有特殊价值的非物质文化遗产的集中体现；
②具有历史、艺术、人种学、社会学、人类学、语言学及文学方面特殊价值的民间传统文化表达；
③表明其深深扎根于文化传统或有关社区文化历史之中；
④在该民族及文化群体中具有确认文化身份和特性等重要作用，而目前对有关社区仍有文化和社会影响；
⑤在技术和质量上都非常出色；
⑥对现代的传统具有唯一见证的价值；
⑦由于缺乏抢救和保护手段，或加速的演变过程，或城市化趋势，或适应新环境文化的影响而面临消失的危险。

（三）联合国教科文组织《保护非物质文化遗产公约》中的相关表述

（1）客观遴选标准。根据联合国教科文组织2003年10月《保护非物质文化遗产公约》（以下简称《公约》）条款可知，联合国教科文组织在制作"人类非物质文化遗产代表作名录"与"急需保护的非物质文化遗产名录"时所依据的客观遴选标准均是由政府间保护非物质文化遗产委员会制定的，列入两个名录的项目具有同等的遗产价值，只是后者更为关注非遗的濒危程度和保护的紧迫性和必要性。

（2）非物质文化遗产的定义。《公约》中关于非物质文化遗产的定义❶，阐释了非遗的独特功能：非遗是相关群体文化认同的符号，是密切人与人关系以及他们之间交流和互相了解的重要渠道；非遗蕴涵着人类伟大的创造力，保护非遗是对人类创造力的尊重；非遗是文化多样性的体现，保护非遗能够促进保护文化多样性，促进各文化间的尊重及和谐共处；非遗顺应人类文明的可持续发展。定义中，"社区、群体""个人"是非遗价值认知的主体，"视为"是指作为主体对于非遗价值这一客体认同的问题，主体的观念、思想影响价值的评价；"各种社会实践、观念表述、表现形式、知识、技能以及相关的工具、实物、手工艺品和文化场所"是非遗具有的技术要素，具有科学技术价值；"世代相传""适应周围环境""与自然和历史的互动""被不断地再创造"说明非遗承载着历史信息，具有历史价值，且价值是动态的；"认同感和持续感"，是指主体在保护和传承非遗的过程中存在价值认同，同时也说明非遗具有凝聚人心、和谐群体的精神价值。

（3）其他表述。"非物质文化遗产是密切人与人之间的关系以及他们之间进行交流和了解的要素，它的作用是不可估量的。"这也说明非遗具有促进人们交流情感、增进了解的精神价值。《公约》第十三条第三条款的规定❷，说明

---

❶《保护非物质文化遗产公约》中的定义：非物质文化遗产指被各社区、群体，有时是个人，视为其文化遗产组成部分的各种社会实践、观念表述、表现形式、知识、技能以及相关的工具、实物、手工艺品和文化场所。这种非物质文化遗产世代相传，在各社区和群体适应周围环境以及与自然和历史的互动中，被不断地再创造，为这些社区和群体提供认同感和持续感，从而增强对文化多样性和人类创造力的尊重。

❷《公约》第十三条第三款规定：鼓励开展有效保护非物质文化遗产，特别是濒危非物质文化遗产的科学、技术和艺术研究以及方法研究。

非遗具有艺术价值和科学技术价值，尤其是濒危的非遗。《公约》"只考虑符合现有的国际人权文件，各社区、群体和个人之间相互尊重的需要和顺应可持续发展的非物质文化遗产"，"顺应可持续发展"说明非遗的保护应该符合绿色生态的理念。

（四）联合国教科文组织《保护非物质文化遗产的伦理原则》规定

从联合国教科文组织于2015年11月通过的《保护非物质文化遗产的伦理原则》第六条原则❶的规定中看，外部对非遗价值的判定往往会受经济价值和社会价值这样的派生价值影响；这里提及的非遗价值的评价标准应该是客观的，出自项目所在的社会生态系统之内，这意味着应该在社会生态系统内部对非遗的原生价值进行科学、合理、客观的评价。第七条原则规定❷则说明"应从保护该遗产所产生的精神和物质利益中获益"，这说明主体会从保护非遗中获取两种利益：物质利益和精神利益。而这两种利益来源于非遗的派生价值和原生价值两个层次，它们分别具有主观性和客观性。

总体来看，联合国教科文组织在进行非遗项目评估时，主要是从非遗的价值、非遗的濒危状态、非遗在社区的生命力、非遗的传承人等几个方面予以把握，对非遗的评定侧重在历史价值、艺术价值、科学价值、文化多样性价值等方面。

二、国内有关表述

（一）《中华人民共和国非物质文化遗产法》涉及价值的有关条款

中国2011年6月施行的《中华人民共和国非物质文化遗产法》（以下简称

---

❶《保护非物质文化遗产的伦理原则》第六条规定：各社区、群体或个人应评定其自身非物质文化遗产的价值，该非物质文化遗产不应受制于外部对其价值的判断。

❷《保护非物质文化遗产的伦理原则》第六条规定：创造非物质文化遗产的社区、群体和个人应从保护该遗产所产生的精神和物质利益中获益，特别是社区成员或他人对其进行的使用、研究、文件编制、推介或改编。

《非遗法》）第十八条❶的规定可以看出，中国以法律形式明确提出非遗应具有"历史、文学、艺术、科学价值"，但并未进一步明确表达这四种价值的内涵、依据和标准。《非遗法》第四条规定了保护非遗应当"有利于增强中华民族的文化认同，有利于维护国家统一和民族团结，有利于促进社会和谐和可持续发展"。说明非遗具有增进认同感、亲近感、归属感，连通文化血脉的精神价值。

（二）《国家级非物质文化遗产代表作申报评定暂行办法》

国务院2005年颁布的《国家级非物质文化遗产代表作申报评定暂行办法》（以下简称《暂行办法》）关于非遗的概念界定❷，说明非遗自身就是价值判断的产物；"各族人民世代相传"说明非遗具有历史价值；"与群众生活密切相关""文化空间"说明非遗存在于社会生态系统。

《暂行办法》中体现的评审标准，相比于《非遗法》，则显得更为具体全面❸，《暂行办法》中提及的"民族文化""传统""地方特色""见证传统"说明非遗项目具有历史价值，"增强凝聚力、团结、稳定""文化交流的纽带"说明非遗项目具有精神价值和社会影响力，"工艺和技能"是非遗的科学技术价值来源，而"面临消失"同样说明濒危性是非遗的重要属性。

---

❶《中华人民共和国非物质文化遗产法》第十八条：国务院建立国家级非物质文化遗产代表性项目名录，将体现中华民族优秀传统文化，具有重大历史、文学、艺术、科学价值的非物质文化遗产项目列入名录予以保护。省、自治区、直辖市人民政府建立地方非物质文化遗产代表性项目名录，将本行政区域内体现中华民族优秀传统文化，具有历史、文学、艺术、科学价值的非物质文化遗产项目列入名录予以保护。

❷《国家级非物质文化遗产代表作申报评定暂行办法》中的表述：非物质文化遗产指各族人民世代相传的、与群众生活密切相关的各种传统文化表现形式（如民俗活动、表演艺术、传统知识和技能以及与之相关的器具、实物、手工制品等）和文化空间。

❸《国家级非物质文化遗产代表作申报评定暂行办法》第六条：国家级非物质文化遗产代表作的申报项目，应是具有杰出价值的民间传统文化表现形式或文化空间；或在非物质文化遗产中具有典型意义；或在历史、艺术、民族学、民俗学、社会学、人类学、语言学及文学等方面具有重要价值。具体评审标准为：
①具有展现中华民族文化创造力的杰出价值；
②扎根于相关社区的文化传统，世代相传，具有鲜明的地方特色；
③具有促进中华民族文化认同、增强社会凝聚力、增进民族团结和社会稳定的作用，是文化交流的重要纽带；
④出色地运用传统工艺和技能，体现出高超的水平；
⑤具有见证中华民族活的文化传统的独特价值；
⑥对维系中华民族的文化传承具有重要意义，同时因社会变革或缺乏保护措施而面临消失的危险。

（三）评选国家级非物质文化遗产项目时的评审标准

我国在遴选、批复国家级非物质文化遗产项目时，将非物质文化遗产分为民间文学、民间音乐、民间舞蹈、传统戏剧、曲艺、杂技与竞技、民间美术、传统手工技艺、传统医药、民俗十大类别。纺织类非遗被分入民间美术、传统手工技艺和民俗三大类别。民间美术类的非遗必然具备艺术价值，传统手工技艺类的非遗必然具备科学技术价值，民俗类的非遗必然具备历史价值和精神价值。大部分纺织类非遗起源于农耕时代，几乎都是就地取材、手工制作，具有天人合一、崇尚自然的生态属性。

从以上国际文件，尤其是联合国教科文组织的有关非遗保护的规则，以及中国非遗保护的法律和相关标准中可以归纳总结出：第一，非遗具有客观价值和主观价值；第二，非遗具有历史价值、科技价值、精神价值、艺术价值、文学价值，以及要"顺应可持续发展"的绿色生态方面的价值考量。作为非遗的一个组成部分，纺织类非遗具备非遗的这些普适性价值，而且由于纺织类非遗自身的特点，还具有较强的实用价值，但其文学价值并不明显；纺织类非遗的原料供给属于纯天然、无污染的自然材质，工艺、技艺属于手工制作，图案和色彩纹样等也取之于自然，因此，纺织类非遗应该还具有明显的生态价值。生态价值是纺织类非遗固有的特殊社会生态属性，在历史价值、科技价值、精神价值、艺术价值、实用价值这几个基本属性中都有所体现，因此本书在价值构成中不再将生态价值列在其中。

第三节　纺织类非遗价值构成内涵

人们往往用文化价值来统称非遗的价值，但文化价值是历史价值、科技价值、艺术价值、精神价值等的综合称谓，是各类价值的综合。本书将纺织类非遗的价值进行细分，分为基础价值、遗产性价值和衍生价值三大类，其中，基础价值指的是非遗的实用价值；遗产性价值主要包括历史价值、艺术价值、科技价值和精神价值；衍生价值主要包括社会价值和经济价值。纺织类非遗价值分类的主要依据是非遗物品的功能。每一件非遗物品和普通物品一样都有最基本的实用价值，如衣服可以穿、帽子可以戴等，这种最基本的实用价值是这件非遗物品存在的基础。除了基础价值之外，非遗物品还有普通物品不具备的价值，这就是它作为文化遗产所具有的遗产性价值。至于衍生价值，是由于非遗物品具有基础价值和遗产性价值而具有了社会属性和经济属性。衍生价值是建立在前两种价值之上的派生价值（图2-2）。

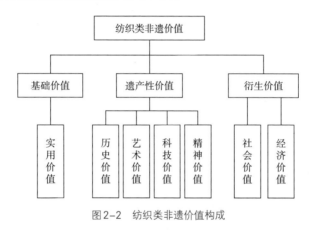

图2-2　纺织类非遗价值构成

一、纺织类非遗的基础价值——实用价值

实用价值是纺织类非遗能穿能用的基本属性，是商品使用价值的基础，是消费者发生消费行为的首选因素。商品的实用价值主要是通过商品的物质实体所表现出来的。纺织类非遗的产生，纺织技术的从无到有，当时的创造者、使用者绝不是为今日"遗产"的目的进行制作，而只是为了自身的实用性，是缘于生存、生活（包括宗教活动和交际活动）的需要，并在生产、生活过程中逐渐发展成熟的产物。实用价值是纺织类非遗的本质属性，如土布可以做服饰、鞋帽和床上用品，衣服可以穿，具有御寒保暖功能等。比如黎锦，通过轧棉、弹棉、纺线、染色、理经、织布、刺绣等环节，最后生产出色彩斑斓的

被、单、筒裙、花带等成品。从土家织锦现存的品种和图案中可以看出，在它产生那天起，就紧紧围绕着人们的衣、食、住、行、用进行织造，并上升到精神文化层面，贯穿在生、丧、婚、嫁、时序节令等民俗活动中。土布的实用性很强，应用范围很广。南通土布可用作服饰面料、荷包、绣花鞋垫、被面、被里、椅垫、床单、枕套等的材料。南通是沿海城市，农民出海捕鱼、下田劳作，厚实坚牢的土布是做衣服的首选面料。除此以外，船的油毡、帆布、车披、包袱布、船帆、油篓布等，乃至北方的炕沿、蒙古包、车棚以及运输用的包袋等，理想的布料也是土布。正是纺织类非遗普遍具有"为生活而艺术"的实用价值，才得以生生不息，具有永不衰竭的活力。

二、纺织类非遗的遗产性价值——历史价值、艺术价值、科技价值和精神价值

（一）历史价值

历史价值是纺织类非遗携带的有利于人理解过去社会政治、思想、文化等各个方面信息的价值。非遗产生于某一特定历史时期，经过世代相传，它包含着丰富的历史文化信息，这些信息能够帮助我们认识一个群体或者一个地区的历史概貌，了解文化的起源、发展历程，有利于我们了解某一历史时期人、文化、自然之间的相互关系。作为历史见证，信息量越丰富的纺织类非遗的历史价值就越高。

不少纺织类非遗以其民间、口传心授的活态存在形式，凭借着独特的图案和纹样，有效弥补了文字史料的不足，有助于人们更真实、全面地了解已逝的历史文化。尤其是苗族、布依族、侗族、白族、哈尼族、瑶族、黎族、土家族、水族、羌族、鄂伦春族、赫哲族等民族，他们代代传承下来的纺织类非遗便具有十分独特的文献特性，也具有很高的考证价值。从这些"活化石"形态的纺织类非遗中可以见证以下几种历史信息：

1. 社会制度和宗教信仰

社会制度是指反映并维护一定社会形态或社会结构的各种制度的总称，包括社会的经济、政治、法律、文化、教育等制度。宗教信仰是指信奉某种特定宗教的人群对其所信仰的神圣对象由崇拜认同而产生的坚定不移的信念。在古代，服饰不仅具有御寒取暖的功能，还是身份地位的象征，不同等级的官员服饰图案、装饰有明显的区别。包括汉族在内的不少民族，少女和妇女的服饰装束有明显的区别，这种区别让人一眼就能看出。纺织类非遗的图案和纹样中常见动物、植物、江河、星辰等造型，从中可以考证出"天人合一""万物有灵""自然崇拜"等宗教信息和原始图腾。如广西山区树木茂密，先民们为躲避虫蛇侵扰伤害，就以其形绣衣、纹面、纹身来对抗、躲避，所以广西少数民族织锦图案最原始的本色不是崇尚唯美，而是一些神秘的动物图腾，壮、侗、苗族对龙、蛇、凤、鸟均有图腾崇拜的习俗，在这些民族的织锦中逐渐形成了龙纹、蟒蛇花、凤鸟纹等图案。除此之外，壮族有太阳崇拜、山崇拜、水崇拜、雷崇拜，还有鸡、狗、青蛙、树等动植物崇拜；毛南族上有日月星辰、风雨雷电的崇拜，下有山川石土的崇拜；瑶族祭祀风神、雨神、雷神、山神、水神、树神、石神等。这些自然崇拜创造了织锦图案中的太阳纹、云纹、雷纹、水波纹等几何图案。尤其在民俗类别的纺织类非遗中，对社会制度、宗教信仰的涉及程度更高。像唐卡，融藏族、汉族、印度三种文化和艺术风格为一体，涉及藏族的历史、宗教、政治、文化和社会生活等多个领域。唐卡的绘制要求严苛，程序极为复杂，除画师要技艺娴熟外，还要求举行宗教仪式。

2. 生活方式和生产技术

生活方式是指个人及其家庭日常生活的活动方式，包括衣、食、住、行以及闲暇时间的利用等。生产技术主要是指与生产方式有关的历史信息。非遗可以在一定程度上复活关于传统生活、生产方式的记忆。纺织类非遗能够透露出所属民族以前生活、生产方面的重要信息。如惠安女的黄斗笠、缀作衫、大折裤的装束能够更好地适应她们海边生存、从事渔业生产的需要；赫哲族的鱼皮衣与其居住的江河地域以及捕鱼、狩猎的谋生手段息息相关；起源于汉代的湖南永兴大布江拼布，是由一些心灵手巧的女子把缝衣裁被剩余的边角废料等小碎布一片片缝合而成，之所以利用小碎布，是由于当时物质贫乏，边边角角的布料也不舍得扔掉。

3. 历史事件和人物

无论是分入"民俗类""民间美术类"，还是"传统手工技艺类"的纺织类非遗，大多与本民族的历史事件和人物联系在一起。如瑶族服饰背后的五色方绣、苗族服饰背后的方形绣片，折射了祖先从中原地区到西南地区的迁徙和征战的千难万险。土家织锦从土著先民的原始织造到賨布、兰干细布，再到斑布、溪峒布、土锦，最后定型，印证了土家族从原始走向现代，融合多部族聚集发展成为单一民族的历程，是湘西北土家族地区社会发展的历史缩影。又如北宋时期的汴绣，上自天子的"乘舆服御"，下至东京市民的"宾客祭祀用绣"，使用的都是汴绣。作为一门官方倚重和支持的艺术，汴绣拥有一支庞大的刺绣队伍，在审美形态、艺术题材、艺术结构上都带有皇家风范，和民间艺术有着很大的区别。

4. 民风民俗

很多纺织类非遗与民俗中的仪式、节庆活动有关，在重大的节日中，许多民族都要穿着本民族的传统盛装参加。从服饰、绣品中不仅可以看出年龄、性别、职业、贫富等差别，还可以看出节日、婚姻、丧葬、崇尚、信仰、礼仪等习俗。如潮绣用品记录了潮州地区的民俗活动，如在每年的农历正月十五"元宵节"或七月初七"七巧节"的时候，潮州会举行男童的成人礼习俗，俗称"出花园"。在成人礼上，母亲给孩子用浸泡12种鲜花的温水沐浴后，要系上亲手缝制的新肚兜。肚兜上有"莲生贵子""凤戏牡丹""童子抱鲤"等刺绣图案，寄托了母亲对孩子的美好祝愿和希望。又如，贵州水族马尾绣渗透着水族先民深远古老的民俗文化、独特的民族信仰和审美情感，折射出水族人民对美满幸福生活的向往。水族女子出嫁后生育第一个孩子时，长辈探视新生儿的礼物便是马尾绣背带或马尾绣银佛童帽，背带一般要经过52道工序才能完成，并且由20多块不同大小的几何图案组成，背带图案必然会出现蝴蝶纹，蝴蝶有保佑孩子、感恩的寓意；背带中间绣上太阳，太阳中间绣一朵大红花，红色是喜庆，太阳代表万物生长、人类进步；太阳四周绣上草、花、藤蔓、蝙蝠，呈现出太阳下花朵簇拥、蝴蝶翩翩起舞的美丽画面。

5. 民族和地域特征

纺织类非遗存在着明显的地域和民族分布特征，如对于刺绣，就流传着"苏绣猫咪，湘绣狮虎，蜀绣游鱼，粤绣鸟禽，汴绣人物最传神"这样的一段话，反映了中国绣品的分布及其图案。如湘西土家织锦最具代表性的纹样"窝毕"（蛇花）和"实毕"（小老虎），完好地保留了土家语的名称及具体原始形象，是原始渔猎时代的重要遗存。古羌人主要生活在广大的西北地区（今天的甘肃、青海和四川的岷江上游），聚居区山势险峻，直入九霄，带有明显的高原气候特征。羌族被称为"云朵上的民族"，过着逐草而居的游牧生活，始终保持着与自然最原始的联系，因此羌族的服饰、鞋子、头帕和绣片等融合了各种自然元素，图案以羊纹、云纹、火纹和羊角花纹最具代表性。又如从马尾绣上可以看出水族先民有养马赛马的习俗。水族先民生活在荆棘密布的丛林地带，用马尾丝线做的刺绣具有光滑、结实、耐用、美观、不易被荆棘等植物刮损的优点。

6. 起源和传说

中国是纺织大国、纺织古国，自古就流传着"伏羲氏化蚕桑为繐帛""嫘祖教民育蚕，治丝茧以供衣服"等传说，几乎每一项纺织类非遗背后都有一个美丽的传说。如西兰卡普的名字来自一个美丽的传说：土家族有个心灵手巧的姑娘叫西兰，擅长织锦，死后化作有绿色和红色羽毛的小鸟，经常飞到织布机上唱歌，被人们叫作西兰鸟，西兰就成了土家族的"织锦女神"，所以土家织锦又叫做"西兰卡普"。织机上的"布鸽"多用鸟的形状，土家族认为这是"西兰"的化身。马尾绣刺绣服饰中孩子"歹结"（背带）中心所用图案为蝴蝶纹，也是因为相传水族的祖先被一只有硕大翅膀的美丽大蝴蝶所救才使水族繁衍生息至今，为此，蝴蝶在水族先民的生活中成为"神"的化身，成为水族孩子成长的"保护神"；水族先民还有一个传说，很久以前发生水灾，鱼救了坐在葫芦上逃生的水族兄妹俩，所以鱼、蝴蝶、葫芦等都是马尾绣上常见的图案。传说世代生活在山水之中的壮族信奉的女神米洛甲是从花朵中出生的，因此在壮锦中花纹图案最为常见。羌族的"云云鞋"有多种传说，第一种传说：古羌人辛勤刺绣，感动了天上的女神，女神撕下云彩撒向人间，羌人便将彩色云纹图案绣在鞋面上，这种彩云的纹样成为"云云鞋"；第二种传说：大禹受舜帝委派负责治理水灾，夫人女娇精心赶制了一双结实的勾头布鞋，并特意绣上五彩丝线的云纹，希望丈夫穿上这双"云云鞋"后能够翻山越岭，如彩云般轻盈快捷；第三种传说：羌人与"戈基"人进行战争，在头人差点被捉住的紧要关头，他脚上的"云云鞋"突然显灵，帮助头人躲过一劫。

（二）艺术价值

艺术价值是非遗在工艺、构图、色彩、纹样、风格、蕴意、精神等方面给予人情绪上或艺术上的感染力、审美、愉悦方面的价值。据《尚书》记载，4000多年前中国就有了"衣画而裳绣"的章服制度，周代有"绣缋共职"的记载。纺织品有"远看颜色近看花"的俗语，色彩和图案纹样在设计中非常重要，不同的色彩搭配和颜色布局，配以不同的图案纹样，会产生迥异的艺术效果；相同的图案纹样，色线搭配不同，也会产生截然不同的视觉效果。国家级纺织类非遗中民间美术类非遗项目具有较高的艺术价值，其他传统手工技艺、民俗类非遗项目，由于在生产过程中讲究设计式样、图案蕴意、搭配色彩等，也具有程度不一的艺术价值。纺织类非遗的艺术价值主要表现为：

1. 审美价值

一个民族的织染绣技艺和纹样是以民族的审美意识为基础确定和发展起来的，展示了一个民族的审美情趣和艺术创造力。如将绘画与刺绣完美结合的乱针绣，其审美效果不仅有素描、油画的逼真感，还有工艺带来的针法肌理和材料质感，犹如绘画的笔触和油彩。乱针绣艺人被誉为"拿着针线的油画素描大师"。又如传统扎染，是对织物进行扎、缝、缚、缀、夹等多种形式组合后，用天然植物或矿物染料进行染色，这种不规则的浸染效果具备独特的艺术魅力，是机械印染工艺难以达到与仿制的。

（1）从工艺上来看，织染绣技艺各具特色，具有较高的艺术价值。如云锦的"通经断纬"工艺，虚实搭配、轻重搭配、用金搭配、颜色荤素搭配等都非常讲究。夹金织银也是云锦的一大特点，它使织物显得雍容华贵、金碧辉煌，满足了皇家御用贡品的需要。除了像南京云锦的"挑花结本"（类似于今天的程序设计）这类复杂的织绣有事先的设计之外，不少纺织类非遗事先不打底稿，也不描画草图，而是全凭绣娘天生的悟性、娴熟的技艺、非凡的记忆力和丰富的想象力。刺绣佳品自古以来与画相连，《周礼·考工记》："画缋之事，五彩备，谓之绣。"如精巧、细腻、逼真的湘绣享有"绣花花生香、绣鸟鸟能听，绣虎能奔跑，绣人能传神"的美誉。湘绣绣品平、薄、匀、齐、细、密、亮的主要原因是其特有的针法和用线技艺。湘绣的针法细腻丰富，有5大类70多种。湘绣绣线一般用纯蚕丝，绣线用手指劈可劈至2开、4开、8开、16开等，最高可劈至200开，达到最细原丝纤维，然后为防止绒丝起毛，一般用皂荚仁溶液蒸煮，所以湘绣佳品的"羊毛细绣"光细胜于发丝。

（2）从构图上来看，纺织类非遗的图案"图必有意、意必吉祥"，图案纹样有具体和抽象的自然景物、几何纹样等，不同形态的物象自由组合，活泼生动、情趣盎然、寓意丰富。心灵手巧的妇女们通过对天、地、山、水、花、鸟、虫、鱼、生活器具等物象认真仔细的观察和体验，细心地描绘、大胆地夸张，表达出内心的审美倾向，富有浓郁的乡土气息。如土家织锦，整体构成和色彩都具有表象意义，直线造型、对称扩张、尚黑忌白、五方正色等都不同程度地反映了土家族的审美习惯和艺术取向。又如苗族民间挑花"数纱绣"，绣时不用事先取样，直接利用布的自然经纬为坐标按"经三纬四"进行交织挑绣，反挑正取，借助色彩和各种几何纹样的搭配，形成多视角、多品种的图案，达到立体与平面相统一的视觉效果。

（3）从色彩上来看，不同民族、不同地域的人们会随着主流文化的差异形成不同的色彩观念，并赋予色彩不同的文化内涵。色彩是一种无声的语言，它能体现品性、表达感情。城一夫曾说过："人着色于物，改变了被着色物体自身的本质，无声或者有声地传达各种思想、感情和情绪。颜色变成了语言、思想和感情。"各民族在对色彩的使用上，各具特色，反映了各族人民对生命的理解，表达了对生命的热爱、尊重、敬畏，富有浓郁的生活气息与深层的文化含义，有些也成为一种身份识别的标志。如白领苗和黑领苗就是较明显的服饰颜色识别标志。融水苗族服饰"染以草实，好五色衣服"，五色代表了其等级观念：黄色为贵，定为天子朝服的色泽；青色有使役身份的象征，橙色为贫民的专用色；红色代表火，热烈而喜庆，成了婚庆、节庆的专用色；黑色象征宇宙的色彩、地下的色彩、鬼的色彩；白色与黑色对立，象征着光明。如维吾尔语中"天""上天""蓝"是一个词，维吾尔族素有尚蓝之习，喜用大量的蓝色装点服饰，如蓝底的花帽、蓝底的花头巾、蓝白相间的艾德莱斯绸、白底蓝花的印花土布，这些清新扑面的"蓝"将维吾尔族原始的崇天信仰生动地展示出来。有人说新疆艾德莱斯绸中红的是火，蓝的是水，绿的是树，维吾尔族把萨满教崇尚的树木、山川、草地、河流以及广阔的天宇全部都织进了艾德莱斯绸。新疆阿娜尔古丽式织毯常用蓝（深蓝、群青、蓝）做底色，花蕾和果实是红色，枝叶是绿色；博古式织毯在蓝底上织飞禽、走兽等图案；开勒昆式织毯用蓝底配上高艳度的花朵和多层菱形格纹，形成"浪花四溅"的效果等。布依族服饰喜欢在蓝色中点缀红色，他们认为蓝色是天空，明亮、洁净、开阔，蓝蓝的天空上有火红的太阳，太阳使人间明亮和温暖；认为黑色代表对神秘事物探索的愿望和征服困难的雄心；白色是纯洁的颜色，代表乐观向上、对未来发展的充满希望。黎族喜好黑、红、黄、绿、白五色，尤其爱用深色，主色调以黑色或深蓝色为主，辅色配以红、黄、绿、白等亮丽颜色，衍生出了一种属于自己民族特色的色彩语言，织绣出五彩斑斓的黎锦图案。晚清进士程秉钊曾在《琼州杂事诗》中赞曰："黎锦光辉艳若云。"苗族服装追求色彩的浓郁和厚重的艳丽感，苗族尚蓝黑色，在服饰上多以黑、蓝为主调，显得凝重深沉，配以红、黄、蓝、绿的艳色，对比强烈，图案采用中国传统的线描或近乎线描的形式，以单线作为纹样轮廓描绘飞禽走兽、花鸟鱼虫及传统几何图案的造型。

2.民族文化蕴意

传承至今的纺织类非遗都是经过历史筛选的凝聚着优秀民族历史文化的瑰宝。那些越具有民族文化代表性，越能够体现中华民族鲜明特色的非遗，其价值就越高。

（1）从象征力上来看，中国传统文化喜欢"引类譬喻""托事于物"的表达方式，由此形成文化象征和文化符号。"象征是某种隐秘的，但却是人所共知之物的外部特征。"纺织类非遗图案、色彩和纹样并非凭空产生,它们承载着不同程度的象征符号。一般织染绣纹样的寓意包括"图腾崇拜""祖先崇拜""神话传说""生存繁衍""辟邪降灾"和"纳福迎祥"等,有的也体现在织绣色彩和服饰配饰上。如在哈尼族人的眼里,日月星辰是天神所赐的福祉,是幸福、吉祥的象征,因此有"哈尼人把日月戴在身上"的说法。无论哪一个支系的哪种款式的衣装,都能看到它们的身影,如元阳县昂倮支系少女的形似龟甲的银泡衣,整件衣服用银泡嵌钉成满天星,胸前钉一枚代表太阳的大银币。绿春、墨江等地白宏支系妇女的银泡衣在胸前部位镶钉六排银泡,正中一枚是代表太阳的梅花形大银牌。另外,山川河流是哈尼族美丽的家园,哈尼族妇女将层层叠叠的山峰绣成红色、绿色,又或金色,三角形的纹路,沿着衣襟、袖口、衣脚、裤脚周边延伸,与此相伴随的是连绵起伏的波浪纹,这些"河流"朝着同一方向,时而绿,时而红。动物本身也具有普遍性的吉祥寓意,或代表民族图腾。如白族扎染中的双鱼游莲和蝴蝶纹样分别象征着甜蜜的爱情和人们对幸福美满生活的向往。苗族崇拜"蝴蝶妈妈",蝴蝶纹样在苗族服饰里出现的频率非常高,并且在日常生活里苗族不允许打杀蝴蝶。除了图案纹样,颜色的偏好也有不同的寄托,如南通色织土布中,蓝黄格子交织的纹样是对太平盛世的向往,蓝白二色搭配寓意天上人间共欢,红黄色是人丁兴旺、日子红火的象征,这体现了南通色织土布作为女儿新婚嫁妆的民俗观念。

(2)从文化符号的丰富性上来看,我国的纺织类非遗往往带有鲜明的地方特色、丰富的生活情趣和浓郁的乡土气息,具有多样性的表现形式和表达内容。如潮绣,潮绣图案是一个独立的视觉符号体系,这些符号是潮汕人民的主观思想和客观自然与社会交互作用的产物,是潮汕历史、民族信仰、民俗文化的结晶。潮绣大师林智诚用六个字将潮绣艺术风格总结为"密密、满满、通通"。潮绣图案题材丰富,由人物、动物、植物、器皿四大总类构成,人物类题材多来自民间历史典故、神话传说、地方戏剧等;动物类题材有来自生活常见的蝴蝶、鱼虫、飞禽、走兽,也有表现传统民族喜好的祥瑞,麒麟、龙、凤等图腾;而植物和器皿的题材皆是生活常见。潮绣的纹样有连续纹样、角隅纹样、单独纹样、几何纹样等。如羌族信仰多神,对天、地、山、水、火、羊、树、门神等甚为敬重，在羌绣图案纹样中相应呈现出来，动物纹样有羊纹、牛纹、蝴蝶纹、虎头纹、狗纹、狮纹、猫纹等，植物纹样有杜鹃花纹、菊花纹、金瓜纹、杉枝纹、牡丹纹、石榴纹、韭菜花纹等，抽象纹样有太阳纹、星辰日月纹、十字纹、万字纹、如意纹、回纹、云云纹、火纹等，用这些简化、概括、抽象、造型各异的羌绣图案记录着自己的精神、生活和文化。

（3）从地域风格和特征上来看，虽然国家级纺织类非遗项目只涉及了部分民族，但56个民族都有自己民族特色的服饰。有些可能与其他民族接近，如保安族服饰与蒙古族服饰类似；有些具有浓厚的民族特色，如德昂族妇女的"藤篾缠腰"。这些服装大体上分为长袍和短衣两类。就袍子形式而言，有蒙古族、满族、土族等民族的高领大襟式，有藏族、门巴族等民族的无领斜襟式，有维吾尔族等民族的右斜襟式等；就裙子款式而言，有百褶裙、筒裙、短裙、连衣裙等。黎族、傣族、景颇族、德昂族等民族妇女都穿筒裙，但黎族为棉制锦裙、景颇族为毛织花裙、德昂族为横条纹裙，而傣族多为布料裙。即使是同一民族，也因支系的不同而具有不同的服饰，这使得中国少数民族的服饰类型显得格外丰富。苗族分为红苗、黑苗、白苗、青苗、花苗五大类，其中花苗又包括大头苗、独角苗、蒙纱苗、花脚苗等，这些支系皆以不同的服饰划分。如羌族的服饰与刺绣文化，伴随族群分布及地域隔离等原因，茂县、汶川、理县和北川四地风格的差异可谓是"五里不同俗，十里不同风"。

（4）从风俗礼仪关联上来看，有些纺织类非遗并不单纯地表现为物品，而是当地风俗礼仪的载体。如靖西壮族织锦中的儿童用品——背带，背带在靖西被看成生命流程的载体。孩子满月的时候，靖西壮民要举行"满月酒"，岳父母、舅父母和姨父母要准备好背带等礼物，同时还要举行其他仪式，如给婴儿命名、举行用外婆送的背带背婴儿到路上乃至田间地头走一回的"背带礼"，贺喜队伍唱《背带歌》。背带是母亲背上的"摇篮"，一条背带常背几代人。背带芯上织的梅花、牡丹花、菱形、凤凰等图案，是将婴儿比作含苞待放的花朵，寄托着亲人对孩子的爱与祝福。七彩的背带是壮族人生礼俗图像的语言，从中可以探索生命及人生礼仪方面的丰富内涵。土家族为巴人后裔，巴人最早有五姓，五姓皆居于武落钟离山，其山有黑穴，且五姓之中处于主导地位的是气赤穴一姓，所以土家织锦图案底色尚红尚黑，红色多为主色，黑色为辅色。土家族对白色的好恶因其族源有所不同。鄂西恩施地区与湘西酉水流域一带虽都属巴人后裔，但鄂西恩施地区的土家族人隶属于白虎夷一族，认为巴人廪君死后魂魄化为白虎，所以崇尚白虎，并不排斥白色；湘西酉水流域的土家族则隶属于板楯蛮一族，有赶白虎的习俗，认为白色属于不吉利的颜色，所以忌白色。

（三）科技价值

科技价值，是指纺织类非遗生产过程中的生产力、科学技术水平、创造力等方面的价值。纺织类非遗是对历史上不同时代生产力发展状况、科学技术发展程度、人的创造能力和认识水平的原生态的保留和反映，是后人获取纺织科技历史资料、掌握科技信息的基本来源之一。纺织类非遗的科技价值，体现了历史上不同时代、不同地域、不同民族的生产力发展状况、科学技术发展程度、人与自然的关系以及人的创造能力和认识水平。国家级纺织类非遗中的传统手工技艺类非遗项目具有较高的科技价值，其他民间美术、民俗类非遗项目，由于产品涉及原料的处理、针法变化等工艺流程，也具有程度不一的科技价值。纺织类非遗的科技价值自远古先民"骨针缝皮"时就已具有，在7000多年前的河姆渡人已打制出了纺织工具。纺织类非遗在纺、织、染、绣等方面有着特定的技术要求，其科技价值主要表现在四个方面：

1. 纺织工具

纺织类非遗独特的技术要求、复杂的工艺流程，必须凭借特制的工具才能完成，每一项纺织类非遗都有各具特色的技术工具。如被古人称作"寸锦寸金"的云锦，是用长5.6米、宽1.4米、高4米的大花楼木织机织成。织锦的时候，机上坐着"拽花工"，负责按过线顺序提拽；机下坐着"织手"，"织手"根据上面"拽花工"给的信息，配合操作编制。据考证，大花楼木织机的发明主要源于云锦的生产，它的设计严谨考究、结构合理，直到今天也没有多大改变。又如乌泥泾棉纺织技艺，黄道婆革新了捍、弹、纺、织的技艺，改进了相应的器具与机具，包括轧棉机、弹弓弹椎、三锭纺车，形成了一整套13世纪最先进的棉纺织工艺技术，直接推动了江南地区手工棉纺织业的发展，博得了

"松郡棉布，衣被天下"的赞誉。

2. 技术工艺

纺织类非遗复杂程度和技术工艺水平各具特色。如云锦生产工艺繁杂，工序极多，每道工序的工艺都有诀窍。概括起来，主要有五大步骤：纹样设计、挑花结本、原料准备、造机和织造。其中独特的挖花盘织等工艺至今尚不能被现代机器所替代。在大花楼木织机上，"拽花工"和"织手"上下两人配合，使用通经断纬的技术进行生产，该过绒时过绒，该过金时过金，该走地组织时走地组织，忙而不乱，繁杂色彩都熟练记忆在脑海里，其精湛的技艺达到了炉火纯青。又如乌泥泾棉布的"错纱配色，丝线絮花"的织布技艺，土家织锦的"断尾挖花、反面挑织"技艺，湘绣双面全异绣的"隐针绣法"，汉绣的铺、压、织、锁、扣、盘、套七种针法的变化等，这些叹为观止的技术工艺，有些至今不能用现代机器生产来替代。特别值得一提的是湘绣狮虎的"鬅毛针"技艺，刺绣艺人在掺针绣法的基础上，使用变换施针方法，让针聚散状地撑开，撑开的一头用线粗一点、疏一点，另一头则密一点、细一点，把线藏起来，这样线像真毛一样，一头似乎长进了肉里，一头却鬅了起来，细线是用手指劈丝技艺，将纯蚕丝原线逐步分细到每根200开左右。除鬅毛针以外，湘绣狮虎还结合旋纹针、回游针、平游针、花游针、齐毛针、混针、牵针、柳针等数十种针法，参差穿插运用，使狮虎眼的神、须的劲、毛发的质感、爪牙的动态，都能生动地再现。老虎的眼睛，往往用杏黄、秋黄、麻黄、黄灰、墨绿、深蓝、棕、黑、白、红等十多种彩线，而其中每种彩线的色阶加起来，又有近25种，利用旋游针法将变幻众多的色彩入绣，利用丝线反光，虎眼便产生了一种旋动感，咄咄逼人，视觉上让人强烈地感受到那种"一声啸震千山外，凛凛余威百兽惊"的神威气势。

3. 技术流程

无论是使用织机进行织造的云锦、宋锦、蜀锦，还是使用花版的蓝印花布等，都需要多道工序和相当复杂的技术工艺才能完成整个加工过程。流传于南通和邵阳地区的蓝印花布，是以花纹对称的两块雕版夹紧织物，浸于染缸后使染液进入雕版花纹间而完成印花工艺。整个工艺过程包括织布、制靛、刻制花版、印染等多个工序，各工序都有严格的技术要领，工艺极其精细。扎染工艺是白族独特的民间染制工艺，民间称为"疙瘩染"，扎染在土布上画刷手稿图案，然后用针线进行结、系、捆、绑、缝等方式进行扎花，使土布呈"疙瘩"状，再经过反复浸泡脱浆、浸染固色，最后晒干、拆线、漂洗、晾干、碾平，色泽未浸渍之处即成各种花型，其中每道工序相互衔接，任何一道工序稍有不慎都可能造成全盘皆输。

4. 原材料和染料

纺织类非遗的织染绣原料大多取自天然。如湘西土家族的传统染织过程就采用纯天然的材料，原料是天然棉花等，染织方法中使用的很多染料本身就是中草药，可以食用或药用。如靛蓝染色用的"大青叶"能消炎祛湿，这类植物也是制造板蓝根的原料。在民间用"土靛"的沉淀物来医治腮腺炎之类的病痛十分有效。"黄栀子"不仅染出的织物色泽美艳，而且对人体还有清热利湿、泻火除烦、凉血解毒、消肿止痛等保健作用。早在千百年前，中华民族的祖先就知道将朱砂用于医药和染织。这些染料对大自然无污染，满足了保护环境生态平衡的需要。又如，白族扎染采用取自苍山的纯天然植物板蓝根为染料，色泽自然、青翠凝重、固色稳定、生态环保，黄芩、五倍子、大黄等植物染料，本身具有舒缓神经以及消毒杀菌、消炎护肤的功效。其他如水族先民有养马赛马的习俗，马尾绣随之应运而生。马尾绣线有很多优点：马尾毛质地硬并富有弹性，盘绣花纹不易变形、形态饱满；马尾毛不易腐烂变质，马尾线结实光滑，绣品不易被刮破，经久耐用；马尾毛含有油脂成分，利于长期保持丝线光亮度。

（四）精神价值

精神价值是纺织类非遗作为文化符号所蕴藏着的、在长期生活习俗中积淀而成的、积极向上的、有凝聚力和号召力的民族意识和民族精神。非遗代表了民族普遍的心理认同和基因传承，代表了民族智慧和民族精神，在唤醒民族意识、激发民族自豪感、振奋民族精神、传承民族文化、凝聚民族力量、鼓舞民族进步和发展等方面具有突出的价值和作用。非遗是以人以及人的精神活动为载体的，体现了人的精神要素和创造力价值，传承了人的生活态度和文化精神。纺织类非遗具有的精神价值主要表现为：

1. 民族认同感和归属感

非遗在传统社会中具有较高的知名度和较强的社会影响力，帮助古代居民"形成身份、地位和习惯的意识"，增强人们对所属群体、地域或民族的归属感和认同感，为他们提供精神依托。纺织类非遗项目反映和表现了民族共同心理结构、思维习惯、生活风习等内容，成为各民族在历史的演变过程中形成的认同纽带。苗族先民好"五色衣"，其服装历史上习惯在黑色的底料上绣五色花纹，无论是衣袖、围裙、裤边，还是头帕、鞋面和童帽都以黑色做衬底，在黑底上绣出红花绿草、青龙黄雀，色彩对比强烈。民族服饰具有很强的民族识别能力，产生文化认同的能力，因此，我们识别各少数民族的一个最简捷的方法就是看服饰打扮。现如今，各少数民族的青年往往外出打工，常年在外，偶尔回家看到本民族的传统服饰后，文化的认同感和归属感会油然而生。认同是一种情结，对维系本民族文化的存在与延续起着自发的凝聚作用，这种认同促进了群体的团结与和谐，维持了家国情怀与乡土情结。

2. 宗教信仰

在纺织类非遗中有一部分非遗属于民俗类。民俗类的非遗在本民族的重大节日中必不可少，是民族信仰、图腾崇拜的载体之一。服饰上的图案如蝴蝶、蝙蝠、鱼、龙、凤等，往往是民俗和信仰的意识体现，折射着浓郁的民族生活气息和深沉的心理积淀。大理白族民间信仰中有"蝴蝶崇拜"，蝴蝶是美的象征，因其身美、形美和色美被誉为"会飞的花朵"，是人们对美的憧憬和向往，蝴蝶也是多子的象征，蕴含着人们对繁衍生命的一种希冀和追求。白族传统中用蝴蝶来寓意人丁兴旺。传说大理苍山有"蝴蝶泉"和"蝴蝶树"，每年一到农历四月合欢树开花的季节，彩蝶纷飞，大理白族的青年们便纷纷相约在蝴蝶泉边进行"蝴蝶会"，扎染中流行的"蝶恋花"图案正是这个美丽传说的见证。

3. 礼仪教化

《大戴礼记·劝学》："见人不可以不饰。不饰无貌，无貌不敬，不敬无礼，无礼不立。夫远而有光者，饰也。"服饰是中华民族礼仪制度的一个重要体现。

比如，哈尼族未婚和已婚的女子在服饰上有着明显的区别。纳西族妇女"披星戴月"的服饰，象征着她们"肩挑日月，背负繁星"、起早贪黑、辛勤劳作、任劳任怨的美德。羌族人民借助羌绣抽象的精神力量，来增强自身的力量，很多羌绣图案和纹样呈现着羌族"敬、和、谦"的精神本质。又如潮绣所在的潮汕地区，早期经中原移民受到儒家思想的影响，在很多以人物故事为题材的绣品中可以找到"仁、义、礼、智、信、忠、孝、悌、节、恕、勇、让"的道德准则，这种绣品已经不仅仅是一种装饰，在一定程度上还是一篇道德教导范本。

4. 情感表达

各民族在设计、制作非遗作品时，往往把对大自然的认识和美好生活的向往渗透在图案、色彩中。苗族、土家族等少数民族的姑娘还将寄托爱意的服饰作为定情之物、陪嫁之物等。苗族姑娘与情人之间的交流不用华丽的语言来表达忠贞和爱慕，而是通过将亲手绣制的绣花飘带相赠便能表达这些情感。按照土家族的风俗习惯，过去土家姑娘从小便随母亲、姐姐操习挑织技艺，长大出嫁时，必须有亲手编织的"土花铺盖"作陪嫁品。至今在捞车河流域仍流传一句话："嫁女有'土花铺盖'才贵气。"小孩摇篮里的被面、盖裙、背袋等物，都得自己亲手编织。"土花铺盖"是嫁妆必须品，是她一生美好梦想的寄托，也是家中的"传家宝"。土家姑娘往往在订婚之后，带着美好的憧憬去编织它，把对未来生活的期盼全都织了进去。有史料记载："土妇善织锦，裙被之属，或经纬皆丝，或丝经棉纬，挑刺花纹，斑斓五色……"羌族主要的劳动形式是牧羊，羊肉、羊奶可食，羊皮可穿可盖，羊在羌族生活中占有重要位置，因此"羊"的神话传说在羌族民间广为流传，羊头图案被刺绣在羌族男子服装上，以求得神灵护佑；美丽的羊角花也被羌族妇女刺绣在长衫、围裙、鞋面上，寄托关怀和祝福，寓意美好生活。

5. 心理和品格特征

不少传统技艺，工艺复杂，制作费时费力，如以麻为原料的服装，要经过种麻、收麻、绩麻、纺线、漂白、织布等一系列工序，再到染、绣、缝等，一幅工艺精湛的绣品，需要耗费工艺师数月乃至数年的精力，没有坚强的毅力是难以完成的，这折射出劳动人民的自强不息、艰苦奋斗的精神。纺织类非遗是在特定的时空条件下产生和发展的，在传承的过程中为适应环境条件的变化进行了不断扬弃和创造性重组，反映了劳动人民的智慧和创新精神。各民族的纺织类非遗不仅仅表现在这些民族特有的艺术形式上，还在内容上呈现出丰富的时代特点：体现了以传承本民族传统文化为内涵的品格；体现了与其他民族先进艺术文化相融合的外延性；体现了紧随社会发展、与进步相适应的时代特征，如湘西土家族的织锦技艺和新疆维吾尔族的艾德莱斯绸等，体现了劳动人民技艺传承中的开放精神。

三、纺织类非遗的衍生价值——社会价值和经济价值

纺织类非遗在其传承利用过程中衍生出来的主要价值包括社会价值和经济价值。

（一）社会价值

社会价值，是指纺织类非遗在促进社会发展方面所具有的物质性和精神性的价值。主要包括社会和谐、教育价值和研究价值。

1. 社会和谐

纺织类非遗可以促进群体的价值认同，尤其是具有群体传承特点的非遗项目，在促进社会和谐稳定、增强国家认同和深化文化交流等方面具有重要作用。

（1）促进社会和谐稳定。作为文化遗产的一种，非遗是规范人们思想观念、行为方式的基本力量。无论是传承人还是普通民众，在接触和传承非遗时，非遗中蕴含的传统伦理道德资源以及和谐的思想，在无形中影响和指导他们的行为，引导着他们实现与别人、与社会的和谐。虽然纺织类非遗项目种类较多，表现形式不一，但其中的传统文化内容体现了中华民族的共同心理，密切了人与人之间的交流和了解，能够产生民族凝聚力，是社会价值认同、社会和谐的重要源泉。

（2）增强国家认同。国家认同包含一个国家内的国民"对自己的国家的历

史文化传统、道德价值观、理想信念、国家主权的认同"。国务院2005年颁布实施的《国家级非物质文化遗产代表作申报评定暂行办法》中关于建立国家级非遗代表名录的目的明确规定,"加强中华民族的文化自觉和文化认同,提高对中华文化整体性和历史连续性的认识""尊重和彰显有关社区、群体及个人对中华文化的贡献,展示中国人文传统的丰富性";具体评审标准中有具体的说明,"具有促进中华民族文化认同、增强社会凝聚力、增进民族团结和社会稳定的作用,是文化交流的重要纽带""具有见证中华民族活的文化传统的独特价值"等内容。纺织类非遗是中国各民族优秀文化的重要组成部分,反映着各民族文化的精华,也是连接各民族情感的纽带和共同的精神家园。纺织类非遗中包含的信仰、观念、价值、符号、期望的精神内涵成为国家认同的基础。纺织类非遗能够弘扬中华优秀传统文化,激发人民大众的情感共鸣,增强国家认同感,增强文化自信,同时也有利于减少民众因受到别国文化输出的影响而导致的丧失国民文化身份等不安全问题。

(3)成为文化交流的纽带。很多服饰的发展演变记载着民族历史和文化交融的过程。甘青地区的保安族、东乡族、回族、撒拉族等民族服饰有很多相同之处,湘西苗族与土家族的服饰有相似之处,云南迪庆地区的纳西族和藏族的毛皮服装基本相同,黔桂交界处的苗族与侗族的妇女首饰有许多相同之处,满族贵族服饰对蒙古族及其他一些民族服装有很大的影响,这些服饰见证了相关民族在服饰款式、技艺方面的交流。在织染绣技艺中也能找到文化交流的影子。黎锦是唐宋时期黎族始创的用"五色线"编织立体图案形成的多样织锦,在宋元时期黎族织锦技艺逐渐向中原地区传播。元代,黄道婆从海南带回棉花种子,将自己在黎族学习到的织锦技艺传到了松江府,当地群众纷纷学习棉花的种植和"纺之为纱,织之为布"的纺织技术,诞生了乌泥泾棉纺织技艺。纺织类非遗也可以是国际交流的载体,如沈绣作品跻身进了国礼行列。早在1909年,沈绣的创始人沈寿就奉命选制绣品,作为清政府祝贺意大利皇后诞辰的贺礼,意大利皇帝和皇后称颂沈寿为"世界第一美术家";2009年,沈绣作品作为国礼赠送给外国元首;其他的如2011年的《比利时国王夫妇肖像》、2013年的《普京总统先生肖像》、2014年的《比利时国王合家欢》、2015年的《基塔罗维奇总统像》等，都被作为国礼赠送。2014年11月10日，亚太经济合作组织（APEC）领导人非正式会议在北京怀柔雁栖湖举行，国家领导人穿着宋锦面料制成的新中装出席会议。

2. 教育价值

教育价值主要是指纺织类非遗包含的信息具有传承教育的价值。2003年联合国教科文组织通过的《保护非物质文化遗产公约》第十四条指出：各缔约国应竭力采取措施，通过向公众，尤其是向青年进行宣传和传播信息的教育计划，使非遗在社会中得到确认、尊重和弘扬。《中华人民共和国非物质文化遗产法》第三十四条规定："教育部门和各级各类学校要逐步将优秀的、体现民族精神与民间特色的非物质文化遗产内容编入有关教材，开展教学活动。"纺织类非遗的教育价值主要体现在：

（1）科技知识的普及教育和技能教育。纺织类非遗中包含着适应当地自然环境、生产、生活方式的传统技艺、技术、技能等科技知识，还蕴含着丰富的自然、历史、文化以及艺术知识，这些知识中能够服务当代生活的部分可以以知识传授和体验活动等多种途径通过个体教育、学校教育和社会教育传承给下一代。如湘绣教育培训，杨世焯开馆办学，不仅为社会培养了大批量的绣工，还将高水平的绣工招为自己的员工。又如被后人称为"代表了苏绣的最高水平"的沈寿，1912年移居天津并开办自立女红传习所，1914年到苏州开办同立绣工学校，后至南通赴任南通女红传习所所长兼刺绣教员。南通女工传习所建立了严格的学制，凭借体系化的教育模式以及仿真绣的金字招牌，沈绣在南通展露出新的生命力，涌现出"双面绣""乱针绣""彩锦绣""刺绣壁挂"等新绣种，造就了一批刺绣艺术家。

（2）文化认同教育。文化认同教育包括优良的传统教育、坚定的信念教育和高尚的思想道德养成教育等，这些教育能潜移默化地影响年轻一代，有利于弘扬优秀的民族文化，有利于营造社会良好风气，对年轻一代的道德品行和生活态度的培养有积极的促进作用，能够帮助他们树立对生活的美好向往与对生命的崇高敬意，培养沉下心、稳住气、吃得苦、耐得寂寞、勤劳勇敢的意志品质，以及勤恳敬业、勤俭持家的优良品德。通过体悟各民族传统文化的精髓，了解中华文明的源远流长，认识传统文化的博大精深，可以使青少年增强民族认同感、文化亲近感，激发强烈的爱国情怀，树立正确的人生观、价值观。

3. 研究价值

纺织类非遗具有的科学知识、技术工艺，反映的民俗文化等，为研究古代纺织科技发展、民族文化等方面提供了重要的史料依据。如传递水族古代文明的"水书"，"水书"古文字是马尾绣的纹饰主题之一，既反映了水族人民的审美情趣，也记录了水族传统文化神秘而古朴的异彩。原生态的湘绣普遍存在于边远少数民族地区，从中可以考证出这些民族承续的久远的楚汉遗风。白族扎染的制作过程具备充分的科技含量和技术特征，反映了染织行业的代表性技术及其发展；其图案符号等反映了宗教、信仰、思想和审美等特质。汴绣最重要的艺术语言就是针法，中华人民共和国成立初期汴绣针法有十几种，1958年针法发展到二十几种，1982年新老针法共计36种，20世纪90年代开始针法创新，借鉴了苏绣、湘绣5种针法，创新了蒙针绣、悠针、云针绣、双合针绣、羊毛绣、席蔑绣、包针绣、锁边绣、麦子绣、接针绣10种针法。这些针法是研究汴绣艺术语言和表现方式的重要内容。黎族织锦纹样是其不同方言区的标识性符号，黎族群众将自然中定型化的物象当作织锦的素材，不同方言区的织锦纹样反映了当地黎族群众居住的自然环境、宗教信仰、社会生产和文化习俗等。

（二）经济价值

经济价值主要是指一些纺织类非遗可以在保护的基础上合理利用其所蕴含的经济因素，开发具有民族特色和市场潜力的文化产品和文化服务而带来的经济效益，实现"文化资源"的利用和向"文化资本"的转换。《非遗法》第三十七条规定："国家鼓励和支持发挥非物质文化遗产资源的特殊优势，在有效保护的基础上，合理利用非物质文化遗产代表性项目开发具有地方、民族特色和市场潜力的文化产品和文化服务。""合理地开发和利用这些代表性项目，充分发挥其优势，开发具有鲜明特色的文化产品，挖掘市场潜力，可以增强非遗的生命力和活力，也能让当地传承人和群众获得经济收益，提高他们的传承积

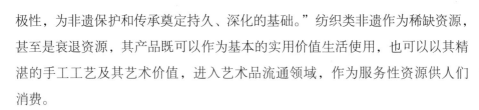

极性，为非遗保护和传承奠定持久、深化的基础。"纺织类非遗作为稀缺资源，甚至是衰退资源，其产品既可以作为基本的实用价值生活使用，也可以以其精湛的手工工艺及其艺术价值，进入艺术品流通领域，作为服务性资源供人们消费。

1. 产品经济价值

许多纺织类非遗在长期的生产实践中不断被改进和发展，如传统丝织技艺、蓝印花布、蜡染技艺、鲁锦等，其产品、商标、品牌等具有经济价值，尤其是有些纺织类非遗实行生产性保护，在现代市场经济中产生了可观的经济效益。有些纺织类非遗适宜进行产业化开发，在产业链上、下游延伸，开发出服饰、装饰、鞋帽、箱包、家纺以及工艺品等系列产品。也为社会提供更多的就业、创业机会，还具有宣传普及传统文化、拉动文化消费等社会经济功能。20世纪80年代云南大理周城兴建了专业扎染厂，以扎染布艺生产作为地区旅游业和商业出口经济项目，产品多以棉、麻、绒等面料生产扎染类服装，其余依当地的旅游业优势生产床单、围巾、枕巾等上百种扎染产品，图案题材多以动物、植物、人物等写实手法，产品80%出口到美国、加拿大、英国、日本等十多个国家和地区。扎染带动了当地的就业、旅游、销售和出口，实现了商业与文化的良性循环。

2. 服务经济价值

在保护好非遗资源的前提下，可以将纺织类非遗进行产业链的横向延伸，通过联合开发旅游业、博展业、演艺业等把纺织类非遗的文化资源转化为服务资源，充分发挥出经济价值。如从与旅游业的关联来看，传统的手工生产方式属于"生态技术"，可以融入或者打造出独特的文化空间。如苗绣、苗族服饰、苗族银饰锻造技艺、苗族织锦技艺等成功地融入了贵州西江千户苗寨的旅游开发。傣族的传统服饰成为傣族泼水节中的一个组成部分。其他如唐卡艺术节、蚕花观光节、丝绸节等，将纺织类非遗与其他项目结合在一起，组成了休闲观光体验的生态旅游体系。此外，还可以开发诸如博展业和演艺业等，在带动区域经济社会中相关产业发展的同时，扩大非遗的国内和国际传播，促进非遗的可持续发展。

综上所述，本书中纺织类非遗的价值构成包括基础价值、遗产性价值和衍生价值，具体可以分解为若干价值层次（图2-3）。

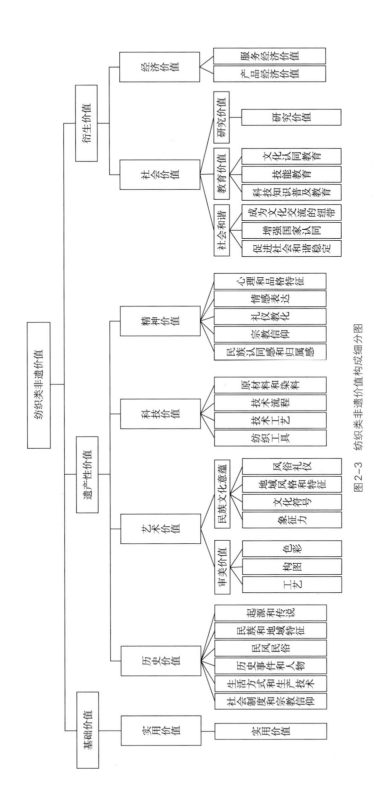

图2-3 纺织类非遗价值构成细分图

纺织类非遗的价值构成是多层次的，每一层次包含诸多要素。本章结合各层次以及各要素指标在纺织类非遗价值体系中重要性的调研、判断和分析，以此建立纺织类非遗价值评价体系。价值评价体系可以客观地反映纺织类非遗的具体价值结构，也是价值判断和测度价值构成的依据。

第三章

纺织类非物质文化遗产价值评价模型构建与分析

第一节　价值评价的性质与要求

一、价值评价的性质

（一）主客观性

　　20世纪以前，大部分学者认为价值是客观的，但也有不少学者认为价值是一种纯粹主观性情感。不同国家、不同群体、不同个人由于地域、社会文化背景、经济发展程度等方面存在差异以及自身价值观念的不同，对事物的价值评价呈现出不同的主观判断。还有部分学者的观点介于客观和主观之间，认为价值评价的反映形式既有其客观性，又兼具主观性。本书认为事物的自身属性具有一定的价值，同时主体在对其进行价值评价时存在实践改造后的意义，开展评价性认识过程中涉及主体自身的需求、认知和心理等主观因素，因此价值评价应该既具有客观性又具有主观性。

　　价值评价的主观性说明现实的、具体的、社会的、实践的人是价值评价的主体，主体的情感、意志、主观素质等因素对价值评价会产生影响。这种评价活动的进行以及评价结果是否具有合理性和科学性，离不开主体在生活实践中积累知识的数量和质量。价值评价的主观性表明，评价主体因为具有不同地域、不同世界观、不同价值观、不同文明程度以及不同文化背景，对客体具有不同的评价认知和评价需求，因而判断依据和结论也将因人而异。

　　价值评价的客观性是指价值评价的对象——价值客体是客观存在的，客体的价值也是客观存在的。价值评价的客观性说明，价值是社会实践的产物，是没有渗入主体的需要、不依主体内在尺度为转移的。因此价值评价应该具有一定的客观标准，比如符合人类文明进步、自然环境变化以及经济社会发展等客观规律，符合人民的根本利益等。

综上所述，非遗的价值评价具有客观性与主观性并存的特征。客观性体现在非遗的价值是客观存在的，是人们在长期的生产、生活实践中产生并由社会性质所决定的，不以人的意志为转移；客观性在特定条件下对同一群价值主体有确定的意义。主观性体现在非遗的价值通常是以人作为主体的，其对社会的正面效用，离不开人对非遗的体验、感受和需求，对不同的价值主体（不同民族、不同地域）具有不同的意义；主观性在普遍意义上同时具备个人性与主观性。

（二）多样性

价值评价之所以具有多样性，首先，是因为价值评价与人的需要有关，人与人的需要和利益不同，所以价值评价因人而异；其次，事物自身性质和人的需要多种多样，价值评价也会出现多样性；最后，价值评价会受到自己所在群体、阶级和社会的影响，社会的发展也会使人们的价值观念发生变化，不同的社会历史时期价值评价也不同。

多样性导致价值的变迁，也就是作为主体的人的需求发生了变化，对于客体价值产生了新的认可，或者客体对于主体的意义在不同的时代发生了变化。客体价值难以摆脱地域性、时代性的特征，因为这些特征会影响到人们从主观上对于客体价值的认可程度。不同社会历史时期、不同社会背景、不同发展阶段或不同社会阶层，以及主体的兴趣变化、认知水平的提升，都会造成主体对于客体价值认知的变迁，其呈现的意义也同样变迁，由此价值判断依据和结论也会不尽相同。

二、价值评价的要求

任何评价总是要以一定的尺度为依据来进行的，没有一定的标准和尺度，也无所谓评价。价值评价作为主体对客体属性与主体需要之间价值关系的评判，在评价过程中也要依据一定的评判尺度，即以一定的价值评价标准来进行。既然是对一种"关系"作出的评价，就要考虑到双方的因素，即评

价标准一方面要考虑客观事物的本质和规律，另一方面也要考虑主体自身的需要。

在价值评价活动中，评价主体对评价客体要作出正确的价值判断，必须符合评价标准的要求，而评价标准选择的正确与否又直接决定着评价活动的成败。

首先，价值评价中主体的需要必须具有合理性，也就是这种需要必须既有利于主体的生存和发展，又与社会历史主体（人民群众）需要相一致，并以符合社会历史发展的要求为根本依据；其次，价值评价中不能仅以主体的需要为评价尺度，必须尊重客体本身的本质和规律，也必须符合社会发展的客观规律，评价主体对客体属性的需要是以符合客体自身的本质和规律性为前提的。

因此，只有在对客体的本质、属性、状态、功能、规律性以及所处的外部环境全面正确认识和把握的基础上，把主体对自身需求的尺度合理运用于客体，进行主体与客体之间的价值关系评价才有效。满足主体的需要是价值评价的出发点和前提，尊重客体的本质和规律性是价值评价的基础。

第二节　价值评价体系的构建

一、价值评价体系的构建原则

在国务院"保护为主、抢救第一、合理利用、传承发展"的总方针下，充分考虑纺织类非遗资源的特征和价值构成，以及前述价值评价的性质和要求，建立纺织类非遗对应的价值评价体系需遵循如下原则：

（一）科学性原则

评价体系的设计应客观真实地反映纺织类非遗的资源特征和价值结构。各层级指标的设计需遵循"不重不漏"的科学性原则，即指标之间不能互相重叠交叉，也不能过少、过简而导致信息遗漏。指标的选取、定性的方向、量化的层次和分析方法都要遵循科学的依据。

（二）整体性原则

评价体系要紧紧围绕有利于保护传承纺织类非遗这一目标来设计，能够全面反映纺织类非遗各类价值的基本内涵。各级指标要形成层次性的功能群，每项上层指标都要有相应的下层指标与其相适应。评价体系要形成整体的内在联系，成为一个系统化的完整体系，多方位、多角度地反映纺织类非遗的价值。

（三）代表性原则

影响纺织类非遗价值评价的具体指标较多，涉及文化、艺术、社会等不同层面。评价体系构建需尽可能满足指标全面性，但选择的指标也不宜过于烦琐，加大统计的误差性和操作的难度。因此，应该区别指标的主次、轻重，突出典型性、代表性、主导性，从众多的"候选指标"中选择价值内涵中最基本、最具特征、最能反映评价目的的因素，对影响较小的因素予以筛选或简化。

（四）可行性原则

纺织类非遗价值评价体系的设计，对指标的要求是"内涵明确""外延清晰"，既要考虑可操作性，又要考虑真实可靠性，更要便于数据的收集与整理。评价体系对指标的选取应突出实用性，具有相同的计量口径和方法，使评价结果具有可比性，便于纺织类非遗彼此间在时间和空间上的比较。

（五）定性与定量相结合原则

从纺织类非遗的价值构成来看，很多价值要素是不可度量的，没有明确的价值标尺，因此，构建纺织类非遗的价值体系，需要建立一个兼顾可度量和不可度量性的评价基准，保证"不模糊""无歧义"，并将不可度量的定性因素和可度量的定量因素进行科学的比较、评价和综合，以保证适应非遗价值评价多目标性、综合性、不确定性和复杂性等特点。

（六）主观与客观相结合原则

价值既包括自身的优秀程度、濒危程度、影响程度以及密集程度等客观方面的因素，又受评价主体相关学科知识储备、价值观念、文化素养等主观因素影响。考虑到纺织类非遗指标涉及面较广，影响因素较为复杂，本书将适当依据其价值构成，以客观评价为主，主观评价为辅，以此提高评价结果的有效性，也保证价值评价体系与价值自身的主客观本质保持一致。

上述各项原则并非简单的罗列，它们之间需要相互联系：首先，构建纺织类非遗价值评价指标体系时必须符合科学性原则，科学性原则又要兼顾整体性和代表性原则；要想实现价值评价，必须满足可行性原则；可行性原则决定了指标体系必须符合定性与定量相结合原则、主观与客观相结合原则。

二、价值评价体系的构建

（一）评价体系的指标构成

前文已经详细阐述了纺织类非遗的价值及其构成的具体内容，这里不再赘述。考虑到价值评价时的客观性和可操作性，结合中国非遗的评定标准，本书在图2-3的基础上，适度修改和增加了一些与价值构成要素相关联的评价指标，并将同级价值指标平行排列。因此，本部分内容是在前文理论中已经初步建立的价值构成体系的基础上，利用德尔菲法，经过对纺织类非遗传承人、专家、文化保护工作者和普通群众等人群的调研分析、反复论证和实践调查，最终确定出3个准则层、7个一级指标、12个二级指标和55个三级指标，构建出纺织类非遗"37NN"价值评价的四级指标体系，具体指标层次结构参见表3-1。

表 3-1　纺织类非遗价值评价体系指标层次结构

目标层	准则层	一级指标	二级指标	三级指标	
纺织类非遗价值	基础价值	实用价值	实用价值	耐用性	C1
				舒适性	C2
				使用广泛性	C3
				适用人群	C4
				可回收性	C5
	遗产性价值	历史价值	历史见证价值	社会制度和宗教信仰	C6
				生活方式和生产技术	C7
				历史事件和人物	C8
				民风民俗	C9
				民族和地域特征	C10
				起源和传说	C11
			历史地位价值	濒危度	C12
				影响度	C13
				久远度	C14
				稀缺度	C15
		艺术价值	审美价值	工艺	C16
				构图	C17
				色彩	C18
				款式	C19
				感染力	C20
				解释力	C21
				吸引力	C22

纺织类
非物质文化遗产价值评价及分类保护路径研究

目标层	准则层	一级指标	二级指标	三级指标	
纺织类非遗价值	遗产性价值	艺术价值	民族文化蕴意价值	象征力	C23
				文化符号丰富性	C24
				地域风格和特征强度	C25
				风俗礼仪相关性	C26
				典型性	C27
				保持度	C28
		科技价值	技术价值	纺织工具	C29
				技术工艺	C30
				技术流程	C31
				原材料和染料	C32
		精神价值	精神和情感价值	民族认同感和归属感	C33
				宗教信仰	C34
				礼仪教化	C35
				情感表达	C36
				心理和品格特征	C37
	衍生价值	社会价值	社会和谐价值	促进社会和谐稳定	C38
				国家认同作用	C39
				文化交流代表性	C40
			教育价值	科技知识的普及教育	C41
				技能教育	C42
				文化认同教育	C43
			研究价值	原生态程度	C44
				优秀度	C45
				濒危性	C46
				不可替代性	C47

目标层	准则层	一级指标	二级指标	三级指标	
纺织类非遗价值	衍生价值	经济价值	产品经济价值	产权价值	C48
				产品附加值	C49
				带动就业	C50
				拉动消费	C51
			服务经济价值	与相关产业的关联度	C52
				开发渠道的丰富性	C53
				竞争力	C54
				开发适应性	C55

从上表的构成体系可以看出，本部分内容在前述纺织类非遗基本价值构成的基础上建立的价值评价体系中，调整和增加的客观评价尺度指标主要包括：实用价值中，增加了"耐用性""舒适性""使用广泛性""适用人群"和"可回收性"5个客观评价尺度指标；历史价值中，增加了"濒危度""影响度""久远度"和"稀缺度"4个客观评价尺度指标；艺术价值中，审美价值增加了"感染力""解释力"和"吸引力"3个客观评价尺度指标；民族文化意蕴价值增加了"典型性"和"保持度"2个客观评价尺度指标；社会价值中，在研究价值里面新建了包括"原生态程度""优秀度""濒危性"和"不可替代性"4个客观评价尺度指标；经济价值中，将产品经济价值和服务经济价值的评价指标进行了调整，最后确定为产品经济价值包括"产权价值""产品附加值""带动就业"和"拉动消费"4个主要衡量指标；服务经济价值包括"与相关产业的关联度""开发渠道的丰富性""竞争力"和"开发适应性"4个客观评价尺度指标。

（二）评价体系的三级指标解释

本书对于设计出的价值评价体系中55个三级指标的具体内涵进行了设计，具体参见表3-2。

表3-2 纺织类非遗价值评价体系三级指标内涵解释

一级指标	二级指标	三级指标		指标解释
实用价值	实用价值	耐用性	C1	产品耐用程度（结实程度和持久性）
		舒适性	C2	非遗产品使用时舒适感受程度
		使用广泛性	C3	对应产品的使用广泛程度
		适用人群	C4	使用人群的大小范围
		可回收性	C5	对应产品是否利于环保回收
历史价值	历史见证价值	社会制度和宗教信仰	C6	是否反映了古代人们对传统社会生活状态、文化氛围、宗教信仰、社会政治制度、哲学思想的认知，成为其所处时代或地域的政治、文化或社会制度的象征
		生活方式和生产技术	C7	是否具有体现了某一历史时期的物质生产技术水平、生活方式的史料价值
		历史事件和人物	C8	与特定历史年代、历史事件和杰出人物联系的紧密程度
		民风民俗	C9	是否体现某一历史时期、某一区域的社会状况，思想观念，民俗中的仪式、婚礼、节日等
		民族和地域特征	C10	与某民族和地域的关联性强弱，在艺术表现形式、图案色彩设计、服装搭配等方面是否独具民族或地域特色
		起源和传说	C11	蕴含的起源和传说的多少或传播程度
	历史地位价值	濒危度	C12	是否濒临消失，或是否面临传承人匮乏
		影响度	C13	相关事件、历史人物的影响范围、强度和持续性
		久远度	C14	按照起源时间划分不同的阶段
		稀缺度	C15	在现有的同质非遗中，其年代和类型是否独特稀有，在数量上或类型上稀少罕见的程度
艺术价值	审美价值	工艺	C16	是否能展现出创作者的特殊技艺以及技艺的高低；在年代、类型、工艺等方面具有的艺术独特性或代表性强弱

一级指标	二级指标	三级指标		指标解释
艺术价值	审美价值	构图	C17	包括图案纹样的丰富性和代表性强弱,布局及结构上是否能够体现独特的艺术创意或构思
		色彩	C18	色彩明度、色相、彩度、搭配的美学效果、特殊意义和综合运用能力
		款式	C19	在整体设计或者服饰款式上的美学价值高低
		感染力	C20	在内容和形式上给人的视觉、触觉和想象等方面的美学感受的强烈程度
		解释力	C21	在触觉、视觉和想象等方面对美学特征的解释和阐述能力
		吸引力	C22	是否具有吸引公众的艺术表现手法,对人在视觉、触觉和想象等方面的吸引能力
	民族文化蕴意价值	象征力	C23	非遗传递的原始崇拜信息和体现出的自然观或文化观的象征意义
		文化符号丰富性	C24	包含文化符号的多寡,以及本身所传递的符号信息的丰富性程度
		地域风格和特征强度	C25	在艺术题材、图案、纹样、技术、工艺等方面是否独具地域或民族特色
		风俗礼仪相关性	C26	是否与民俗活动、礼仪节庆等表现形式具有明显的相关性,是否是独特风俗、传统节日的组成部分
		典型性	C27	在同一类型、同一地域或同一民族中是否具有特殊性或代表性
		保持度	C28	地域特性、民族特性保持的程度和持久性
科技价值	技术价值	纺织工具	C29	对原始工具、器具的要求,或工具器具的复杂程度
		技术工艺	C30	工艺复杂程度、手工技艺水平高低,以及是否能反映某一历史时期的技术水平
		技术流程	C31	技术流程的专业性、规范性和复杂性的高低程度
		原材料和染料	C32	原材料、染料的来源和使用的自然生态性和技术性水平高低

纺织类非物质文化遗产价值评价及分类保护路径研究

一级指标	二级指标	三级指标		指标解释
精神价值	精神和情感价值	民族认同感和归属感	C33	是否为种族群体认同的重要媒介，是否反映一定社会发展阶段的主流价值观，或对族群成员具有普遍的约束力；是否有助于增强人们对所属群体、地域或民族的归属感和认同感，为他们提供精神依托
		宗教信仰	C34	是否包含在长期社会经济文化活动和生活中形成的文化观点、思想理念、传统价值观念；是否体现国家、民族的价值观和信仰
		礼仪教化	C35	是否与某一地域或某一民族的风俗礼仪、文化思想、价值观念等有紧密关系；是否是某一地域或某一民族共同生活习俗、共同伦理准则的重要标志
		情感表达	C36	是否代表特定群体、地域或民族的核心精神和传统信仰，并成为维系他们拥有共同情感经验、以此进行情感交流和文化传播并产生情感共鸣的纽带
		心理和品格特征	C37	是否反映了先人们自强不息、艰苦奋斗、勤劳朴实等精神和品格特征
社会价值	社会和谐	促进社会和谐稳定	C38	是否会为社会增强凝聚力、自信心和创造力；是否在各社区、群体中世代相传，并为这些社区群体提供认同感和持续感；促进社会团结和凝聚力功能的大小
		国家认同作用	C39	包含一个国家内的国民对自己国家的历史文化传统、道德价值观、理想信念、国家主权的认同。非遗在这些方面的表征意义和促进作用的大小
		文化交流代表性	C40	是否利于人们意识到国家、区域、民族或群体文化在全球多元文化中所处的地位，是否用于文化交流
	教育价值	科技知识的普及教育	C41	在科技知识、专业知识以及普及方面具有的教育意义
		技能教育	C42	专业技能培训方面具有的功能和价值大小

一级指标	二级指标	三级指标		指标解释
社会价值	教育价值	文化认同教育	C43	是否有利于增加民族、文化和心理认同；在学校和社区教育中的作用大小
	研究价值	原生态程度	C44	是否是原生地文化的重要记录；是否具有最原始、最自然、最本原特点
		优秀度	C45	在同质非遗中是否突出
		濒危性	C46	是否濒临灭绝和失传；传承人是否匮乏
		不可替代性	C47	与其他同类非遗资源相比，是否具有差异性大、不可替代的特点
经济价值	产品经济价值	产权价值	C48	基于非遗的内涵和知名度，是否可以将其当作一种产权，进行定价和转移，从而创造经济收益
		产品附加值	C49	附加在非遗自身价值上的新价值高低，即以非遗的核心文化内涵为基础，以物质产品为媒介，通过非遗产品的设计、生产和销售能实现的附加价值大小
		带动就业	C50	通过非遗产品生产、市场营销、品牌推广等活动创造出来为社会新增就业机会的能力
		拉动消费	C51	通过非遗产品生产、市场营销、品牌推广等活动新增消费能力的大小
	服务经济价值	与相关产业的关联度	C52	与相关的旅游、展演、服务等活动的联系性强弱
		开发渠道的丰富性	C53	可开发的相关服务产业的多寡，以及开发渠道和开发手段的丰富程度
		竞争力	C54	与其他同类非遗资源相比，具有的市场竞争力强弱
		开发适应性	C55	是否适于服务产业的开发，开发后是否会对非遗资源本身产生负面影响

第三章 纺织类非物质文化遗产价值评价模型构建与分析

（三）指标评价标准设计

考虑到55个三级指标的指标量、指标方向、专家评阅习惯、评分准确性和便捷性，本评价体系中确定评价等级阶段采用的是"五级对称评分制"来设计指标评价标准。为便于后续指标量化并保证统计数据的方向一致性，五级评语集均为从低到高排列（表3-3）。

表3-3　纺织类非遗价值评价体系指标评价标准

一级指标	二级指标	三级指标		评价标准				
实用价值	实用价值	耐用性	C1	非常低	低	一般	高	非常高
		舒适性	C2	非常低	低	一般	高	非常高
		使用广泛性	C3	非常低	低	一般	高	非常高
		适用人群	C4	非常少	少	一般	多	非常多
		可回收性	C5	非常低	低	一般	高	非常高
历史价值	历史见证价值	社会制度和宗教信仰	C6	几乎无关联	关联较低	一般	有点关联	有较大关联
		生活方式和生产技术	C7	几乎无关联	关联较低	一般	有点关联	有较大关联
		历史事件和人物	C8	几乎无关联	关联较低	一般	有点关联	有较大关联
		民风民俗	C9	几乎无关联	关联较低	一般	有点关联	有较大关联
		民族和地域特征	C10	几乎无关联	关联较低	一般	有点关联	有较大关联
		起源和传说	C11	非常少	少	一般	多	非常多
	历史地位价值	濒危度	C12	非常低	低	一般	高	非常高
		影响度	C13	非常低	低	一般	高	非常高
		久远度	C14	非常低	低	一般	高	非常高
		稀缺度	C15	非常低	低	一般	高	非常高

一级 指标	二级 指标	三级指标		评价标准				
艺术 价值	审美价值	工艺	C16	难度非常小	难度较小	一般	难度大	难度非常大
		构图	C17	非常简单	简单	一般	复杂	非常复杂
		色彩	C18	非常简单	简单	一般	丰富	非常丰富
		款式	C19	非常少	少	一般	多	非常多
		感染力	C20	非常低	低	一般	高	非常高
		解释力	C21	非常低	低	一般	高	非常高
		吸引力	C22	非常低	低	一般	高	非常高
	民族文化 蕴意价值	象征力	C23	非常低	低	一般	高	非常高
		文化符号 丰富性	C24	非常少	少	一般	多	非常多
		地域风格和 特征强度	C25	几乎无关联	关联较低	一般	有点关联	有较大关联
		风俗礼仪 相关性	C26	非常低	低	一般	高	非常高
		典型性	C27	非常低	低	一般	高	非常高
		保持度	C28	非常低	低	一般	高	非常高
科技 价值	技术价值	纺织工具	C29	非常简单	简单	一般	复杂	非常复杂
		技术工艺	C30	非常简单	简单	一般	复杂	非常复杂
		技术流程	C31	非常简单	简单	一般	复杂	非常复杂
		原材料和染料	C32	非常弱	弱	一般	强	非常强
精神 价值	精神和 情感价值	民族认同感和 归属感	C33	非常低	低	一般	高	非常高
		宗教信仰	C34	几乎无关联	关联较低	一般	有点关联	有较大关联
		礼仪教化	C35	几乎无关联	关联较低	一般	有点关联	有较大关联
		情感表达	C36	几乎无关联	关联较低	一般	有点关联	有较大关联
		心理和品格 特征	C37	几乎无关联	关联较低	一般	有点关联	有较大关联

第三章 纺织类非物质文化遗产价值评价模型构建与分析

一级指标	二级指标	三级指标		评价标准				
社会价值	社会和谐价值	促进社会和谐稳定	C38	非常弱	弱	一般	强	非常强
		国家认同作用	C39	几乎无关联	关联较低	一般	有点关联	有较大关联
		文化交流代表性	C40	非常弱	弱	一般	强	非常强
	教育价值	科技知识的普及教育	C41	非常少	少	一般	多	非常多
		技能教育	C42	非常弱	弱	一般	强	非常强
		文化认同教育	C43	非常弱	弱	一般	强	非常强
	研究价值	原生态程度	C44	非常低	低	一般	高	非常高
		优秀度	C45	非常低	低	一般	高	非常高
		濒危性	C46	非常低	低	一般	高	非常高
		不可替代性	C47	非常低	低	一般	高	非常高
经济价值	产品经济价值	产权价值	C48	非常小	小	一般	大	非常大
		产品附加值	C49	非常小	小	一般	大	非常大
		带动就业	C50	非常小	小	一般	大	非常大
		拉动消费	C51	非常小	小	一般	大	非常大
	服务经济价值	与相关产业的关联度	C52	非常低	低	一般	高	非常高
		开发渠道的丰富性	C53	非常少	少	一般	多	非常多
		竞争力	C54	非常低	低	一般	高	非常高
		开发适应性	C55	非常低	低	一般	高	非常高

第三节　价值评价体系的因子调研及权重计算

一、调研及问卷发放

笔者研究期间，共发放问卷220份，经审核筛选，最后得到有效问卷共198份，此次有效问卷回收率为90%。

二、问卷信度与效度检验

对于回收的问卷，根据研究目的和假设检验的需要，运用分析软件对调查数据进行了分析。采用统计系数克朗巴哈系数（Cronbach's α）作为衡量内部一致性信度的指标。一般而言，克朗巴哈系数（Cronbach's α）大于0.7为高信度，低于0.35为低信度，0.5为最低可以接受的信度水平。本节主要对55个价值因子构成的55个变量进行内部一致性分析，得到结果克朗巴哈系数（Cronbach's α）为0.965，从问卷的总体可靠性来看，这表明达到了较高的信度水平，问卷的观测变量可以由填报者准确理解并填答（见表3-4）。

表3-4　调查问卷总体信度分析结果

Cronbach's α	基于标准化项的Cronbach's α	项数
0.965	0.976	77

资料来源：作者根据调查资料编制。

信度为效度的必要而非充分条件。即有效度一定有信度，但有信度不一定有效度。如表3-5所示，该表给出了KMO检验和Bartlett球度检验结果，KMO值为0.883，达到显著性水平，这说明问卷测项适合做进一步的统计分析。

表3-5　KMO检验和Bartlett球度检验结果

取样足够的Kaiser-Mayer-Olkin度量		0.883
Bartlett球型度检验	近似卡方	19158.900
	df	2926
	Sig.	0.000

资料来源：作者根据调查资料编制。

三、描述性统计及因子权重的计算

（一）描述性统计

在本次调研得到的198份有效问卷中，被调查者的地区分布、年龄分布、性别构成分别参见图3-1~图3-3。另外，图3-4显示了在本次调研中，98.99%的被调查者知道或者听说过纺织类非遗，这样的人员结构有利于对问卷后面的专业性非遗价值问题做出准确回答。从图3-5可以看出，在本次调研人群的行业分布中，有52.53%的被调查者属于纺织、服装、皮革相关行业；从图3-6可以看出，在具体人员的构成上，非遗相关行业从业人员占比24.24%、纺织行业从业人员占比16.16%、非遗研究者占比14.65%、传承人占比12.12%。这

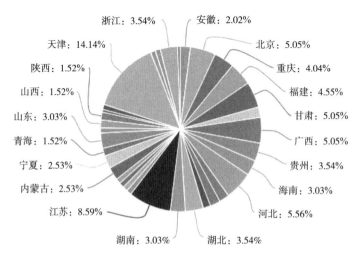

图3-1　被调查者地区分布

充分体现了被调查者的专业性与本问卷涉及的纺织类非遗领域密切相关，有利于提高调查结果的可靠性。

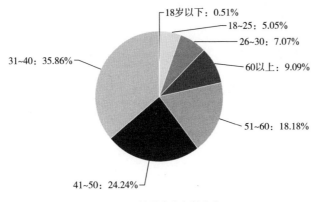

图3-2 被调查者年龄分布

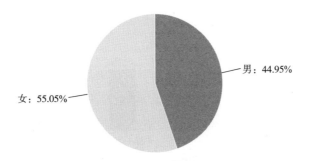

图3-3 被调查者性别构成

图3-4 被调查者是否了解纺织类非遗

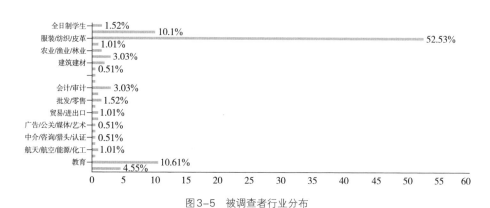

图3-5 被调查者行业分布

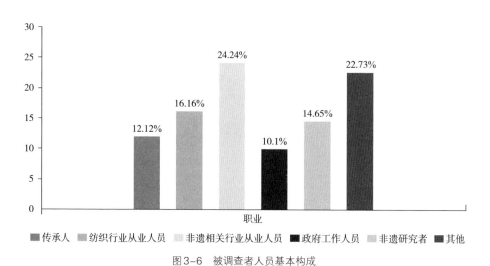

图3-6 被调查者人员基本构成

另外，本问卷的最后一个问题为开放式建议题目，内容为"请您对应如何提高纺织类非遗在现实生活中的价值，给出自己宝贵的建议，谢谢！"笔者对该题目的词频进行了统计，结果参见图3-7，可以作为对后续保护非遗路径设计有价值的参考。

（二）评分等级设定及因子权重计算

1. 评分等级及分值设计

组织相关专家通过问卷和现场调研对因素的重要程度进行打分，考虑到专家评分方便和评阅习惯，这里专家评分等级阶段采用李克特五级量表，量表分

图3-7 被调查者"建议"词云图

值采用5分制，将价值因素五级对称评语集为$v=\{v_1,v_2,v_3,v_4,v_5\}=\{$很不重要，不重要，一般，重要，很重要$\}$，具体参见表3-6。

表3-6 分数与评价级别关系

分数	1	2	3	4	5
评价级别	很不重要	不重要	一般	重要	很重要

2. 因子权重确定与计算

结合专家评分结果对因子权重进行计算。本书采用变异系数法为价值体系的因子进行权重赋值。根据调研问卷得出的因子结果参见表3-7、表3-8。

表3-7 纺织类非遗价值构成三级指标因子权重计算结果表

价值因子	$\bar{x}_j$	σ_j	v_j	k_j
耐用性	4.3412	0.9088	0.2093	0.0192
舒适性	4.7014	0.5264	0.1120	0.0103
使用广泛性	2.4882	1.5349	0.6169	0.0566
适用人群	2.5118	1.5747	0.6269	0.0575
可回收性	2.2417	1.4420	0.6433	0.0590

价值因子	$\bar{x}_j$	σ_j	v_j	k_j
社会制度和宗教信仰	4.4265	0.7024	0.1587	0.0119
生活方式和生产技术	4.4787	0.6042	0.1349	0.0101
历史事件和人物	4.4929	0.6645	0.1479	0.0111
民风民俗	4.6398	0.4910	0.1058	0.0079
民族和地域特征	4.4976	0.6045	0.1344	0.0101
起源和传说	4.4882	0.6123	0.1364	0.0102
濒危度	4.5545	0.5941	0.1304	0.0098
影响度	4.5261	0.5547	0.1225	0.0092
久远度	4.5782	0.5751	0.1256	0.0094
稀缺度	4.5545	0.5696	0.1251	0.0094
工艺	4.5545	0.5611	0.1232	0.0077
构图	4.5829	0.5314	0.1159	0.0073
色彩	4.5924	0.5207	0.1134	0.0071
款式	4.4929	0.6352	0.1414	0.0089
感染力	4.5640	0.5769	0.1264	0.0079
解释力	4.1185	0.7039	0.1709	0.0107
吸引力	4.5829	0.5224	0.1140	0.0071
象征力	4.4408	0.7433	0.1674	0.0105
文化符号丰富性	4.6019	0.5281	0.1147	0.0072
地域风格和特征强度	4.6066	0.5271	0.1144	0.0072
风俗礼仪相关性	4.5782	0.5321	0.1162	0.0073
典型性	4.5498	0.5355	0.1177	0.0074
保持度	4.5261	0.5798	0.1281	0.0080
纺织工具	4.5166	0.5464	0.1210	0.0385
技术工艺	4.6398	0.5193	0.1119	0.0357
技术流程	4.6019	0.5370	0.1167	0.0372

价值因子	$\bar{x}_j$	σ_j	v_j	k_j
原材料和染料	4.5592	0.5774	0.1266	0.0403
民族认同感和归属感	4.6066	0.5361	0.1164	0.0177
宗教信仰	4.4929	0.6573	0.1463	0.0223
礼仪教化	4.5450	0.6029	0.1326	0.0202
情感表达	4.2749	0.7624	0.1783	0.0271
心理和品格特征	3.9005	0.7895	0.2024	0.0308
促进社会和谐稳定	4.4360	0.6827	0.1539	0.0106
国家认同作用	4.3128	0.6300	0.1461	0.0100
文化交流代表性	4.4976	0.5722	0.1272	0.0088
科技知识的普及教育	4.5450	0.6029	0.1326	0.0091
技能教育	3.9858	0.7463	0.1872	0.0129
文化认同教育	4.5735	0.5757	0.1259	0.0087
原生态程度	4.1422	0.9801	0.2366	0.0163
优秀度	3.6872	0.9985	0.2708	0.0186
濒危性	3.5166	1.1479	0.3264	0.0225
不可替代性	3.9526	1.1454	0.2898	0.0199
产权价值	4.2512	0.7486	0.1761	0.0224
产品附加值	4.6303	0.5484	0.1184	0.0151
带动就业	4.4123	0.7404	0.1678	0.0214
拉动消费	3.6446	0.7756	0.2128	0.0271
与相关产业的关联度	4.6825	0.5151	0.1100	0.0140
开发渠道的丰富性	4.6540	0.5422	0.1165	0.0148
竞争力	4.6540	0.6162	0.1324	0.0169
开发适应性	2.8104	1.2119	0.4312	0.0549

第三章 纺织类非物质文化遗产价值评价模型构建与分析

表3-8　纺织类非遗价值构成一级指标因子权重计算结果表

价值因子	$\bar{x}_j$	σ_j	v_j	k_j
实用价值	3.9337	0.7779	0.1978	0.2026
历史价值	4.7251	0.4580	0.0969	0.0993
艺术价值	4.7204	0.4806	0.1018	0.1043
科技价值	4.5308	0.6710	0.1481	0.1517
精神价值	4.6683	0.5380	0.1152	0.1181
社会价值	4.5829	0.6145	0.1341	0.1374
经济价值	3.9384	0.7178	0.1823	0.1867

第四节　价值评价模型的构建与分析

一、价值评价模型方法的选择

近年来国内外学者针对遗产价值评价，运用了很多评价模型与方法，主要有层次分析法、因子分析法、主成分分析法和模糊综合评价法等，但这些方法主要适用于文化遗产中物质文化遗产的价值评价，非物质文化遗产具有明显的量化差异，因此，需要结合这些评价方法的适用条件进行对比分析，并根据本书建立的评价体系的特点和构成，选出合理、适用的评价方法，从而建立评价模型。

（一）层次分析法

层次分析法（Analytic Hierarchy Process，简称AHP）是根据网络系统理论和多目标综合评价方法提出的一种层次权重决策分析技术。它将复杂的决策系统层次化，依照一定的评分标准建立判断矩阵，对上层次某元素、本层次与之有关元素之间的相对重要性进行加权比较，排出评比顺序并对判断矩阵进行计算，以各种关联因素的重要性来为分析、决策提供定量的依据。

层次分析法的特点是利用较少的定量信息能够将专家学者的经验予以量化，使决策的思维过程数学化，从而为多目标、多准则或无结构特性的复杂决策问题提供决策依据，尤其适合于问题比较复杂、各指标间关系不明确以及相关数据难以获取的情况。

（二）因子分析法

因子分析法（Factor Analysis）是把较多具有错综复杂关系的变量进行分解，从分析多个原始指标的相关关系入手，根据相关性大小将原始指标重新组合，确保同组内的指标具有较强的相关关系，从而能找到支配这种相关关系的更少的几组变量作为有限的几个潜在指标，并用它们来解释原始指标之间关系的多变量统计分析方法。每组变量代表一个基本结构，称为公共因子，组内变量之间相关性高，组间变量相关性低。

因子分析的解并不是唯一的，有主成分解、主因子解、极大似然解等。因子分析在难确定维度数量的情况下能够通过指标之间的内在联系得出合理分析，也可以避免一般系统评价方法中权重设置的主观性问题。这种方法能够根据因子载荷情况选择多个因子进行综合，并在此基础上进行多种相关分析，发现不可观测的潜在指标，从而为决策的制定提供参考。

（三）主成分分析法

主成分分析法（Rrincipal Component Analysis，PCA）是采用降维（Data Reduction）的思想，根据多个因素（或指标）中的相互关系，从这些因素之间的线性关系入手，将最初具有一定相关性的因素通过线性组合产生一系列新的不存在相关性关系的综合因素代替原来的因素，是一种把这些因素提取成数量较少的几个互不相关的综合因素的方法。

一般来说，研究对象会受到许多因素的影响，因素间关系错综复杂，仅依靠这些因素评价研究对象而忽略它们的内在联系往往会造成信息干扰，降低评价的准确性和可信度。主成分分析法认为选取线性组合时坚持组合因素能够包含较多信息的原则，寻求方差最大化。该方法减少了评价因素的数量，保证综合因素对原始因素主要信息的保留，还能保证提取的主成分之间不存在相关关系，减少信息干扰，提高了分析效率。但是，主成分分析在进行线性组合分析和提取主成分过程中不可避免地会损失掉原始指标的部分信息，在综合评价应用过程中存在一些争议。

（四）模糊综合评价法

模糊综合评价法（Combining Fuzzy Mathematics Evaluation Method）是一种基于模糊数学的理论和技术的综合评价方法，针对评价对象的复杂性和评价指标的模糊性，应用模糊关系合成的原理，将一些边界不清、不易定量的因素根据隶属度理论转化为定量因素，并进行综合评价的一种方法。模糊综合评价法根据模糊数学的隶属度理论把定性评价转化为定量评价，即用模糊数学对受到多种因素制约的事物或对象作出一个总体的评价。

模糊综合评价法关注的焦点是隶属度矩阵的建立，即模糊关系的形成，而权重向量的确定是需要依靠其他方法来确定的。模糊综合评价法具有结果清晰、系统性强的特点，能较好地解决模糊的、难以量化的问题，在将定性问题转化为定量问题的模糊关系确定方面比较有优势，适合各种非确定性问题的解决。

从表3-9可以看出，本书的价值评价体系中定性指标比较多，层次分析法更适合于定量指标的评价，因子分析法和主成分分析法都侧重于因子重新组合或者因子降维，只有模糊综合评价法是更适用于定性指标偏多的评价方法，同时，本书中各要素指标的层级结构已经通过反复调研论证，各个指标的权重系数也已经通过变异系数法确定清楚，且建立模型的目的是对价值作出具体的量化评价并得到准确的结果。因此，结合本部分研究目的、侧重以及数据的特点和结果的要求，本书价值评价模型的建立更适合采用模糊综合评价法。

表3-9　一般文化遗产价值评价方法对比

方法名称	方法描述	重点	优点	适用场合
层次分析法	网络系统理论和多目标综合评价法	关注点在权重的确定	利用较少的定量信息解决复杂问题的决策	无结构特性的复杂决策问题
因子分析法	根据相关性大小重新组合原始指标	多因素之间的线性关系	进行多种相关分析，发现不可观测的潜在指标	难确定维度数量的情况下
主成分分析法	相关性的因素线性重新组合	降维	减少评价因素的数量	多因素且因素间关系错综复杂，存在信息干扰
模糊综合评价法	用模糊数学进行模糊关系合成	隶属度矩阵的建立，得到综合评价结果	可将定性评价转化为定量评价，结果清晰，系统性强	模糊的、难以量化的问题

二、基于模糊综合评价法的价值评价模型构建

（一）模糊综合评价法的一般分析步骤

对于客体的评价通常会涉及多个指标，甚至多个层级，需根据诸多因素设计指标体系作出综合评价。当某些具体问题的评价因素或级别具有模糊性时，所作的综合评价称为模糊综合评价，也可称为综合模糊评判。模糊综合评价是应用模糊变换原理和最大隶属原则，考虑与被评价事物相关的各个因素，对其所作的综合评价。模糊综合评价具有计算简捷、实用性强的优点，其分析步骤如下：

（1）建立风险等级评价指标体系。确定因素集 $U=\{U_1,U_2,\cdots,U_n\}$，将因素集按照属性的类型划分为 s 个子集，记作 $U_1,U_2,\cdots,U_i$。其中：$U_1=\{U_{i_1},U_{i_2},\cdots,U_{im_i}\}$，$\sum_{i-1}^{s}n_i=n$；并且应满足 $\bigcup_{i-1}^{s}U_i=U$，$U_i\bigcap U_j=(i\neq j;i,j=1,2,\cdots,s)$。

（2）建立评语集 $v=\{v_1,v_2,\cdots,v_m\}$ 及确定不同风险等级相应各分级指标的值

域，并根据实际具体情况或专家评级给出各分级指标的数值及所属值域。其中，m 为风险划分等级个数。

（3）构造隶属函数，确定单因素评价矩阵 $\boldsymbol{R}_i = \left\lfloor r_{ij} \right\rfloor_{n_i \times m}$。

（4）专家经验评分法计算各分级指标权重 U 的权重集为 $\boldsymbol{A} = \{a_1, a_2, \cdots, a_s\}$，$U_i$ 的权重集为 $\boldsymbol{A} = \{a_{i1}, a_{i2}, \cdots, a_{im_i}\}$。

（5）初级评价。由 U_i 的单因素评价矩阵 $\boldsymbol{R}_i$，以及 U_i 上的权重集 $\boldsymbol{A}_i$，得第一级综合决策向量：

$$B_i = A_i \circ R_i = \left[b_{i_1}, b_{i_2}, \cdots, b_{im} \right] \qquad （公式3-1）$$

其中，"∘" 为模糊关系合成算子。

（6）二级评价。将每一个 U_i 作为一个元素，把 B_i 作为它的单因素评价，又可构成评价矩阵：

$$\boldsymbol{R} = \begin{pmatrix} B_1 \\ \vdots \\ B_s \end{pmatrix} = \begin{pmatrix} b_{11} & \cdots & b_{1m} \\ \vdots & & \vdots \\ b_{s1} & \cdots & b_{sm} \end{pmatrix} \qquad （公式3-2）$$

再根据 U_i 的权重集 $\boldsymbol{A}_i$，得出第二级综合决策向量：

$$C = A \circ B = \left[b_1, b_2, \cdots, b_m \right] \qquad （公式3-3）$$

其中，"∘" 为模糊关系合成算子。

（二）基于模糊综合评价法的纺织类非遗价值评价模型构建

结合本书设计的"37NN"四级价值指标体系，构建的价值评价模糊综合评价模型为：

$$F = A \times R \times G \qquad （公式3-4）$$

具体而言，对本书设计的价值体系中构成的一级指标、二级指标和三级指标分别采用模糊综合评价方法建立的分级评价模型（表3-10）。

表3-10　纺织类非遗价值评价的三级模糊综合评价模型

评价模型级别	评价内容	模型及公式	
初级价值评价模型	价值体系三级指标模糊综合评价	$B_j = A_j \times R_j$	公式3-5
	模糊综合评价得分	$F_B = B_j \times G$	公式3-6
二级价值评价模型	价值体系二级指标模糊综合评价	$C_i = A_i \times B_i$	公式3-7
	模糊综合评价得分	$F_C = C_i \times G$	公式3-8
三级综合价值评价模型	价值体系一级指标模糊综合评价	$F_D = A \times F_C$	公式3-9
	模糊综合评价得分	$F_E = A \times F_D$	公式3-10
	模糊综合评价总分	$F = \sum A F_D$	公式3-11

三、纺织类非遗价值模糊综合评价与分析

（一）确立纺织类非遗模糊综合评价因素集

根据纺织类非遗的特点，遵循科学性、合理性、可测性、可行性的原则，并结合专家的意见，将前文纺织类非遗价值评价构建起的三级层次因素集，分别对应纺织类非遗价值构成的一级指标、二级指标和三级指标，具体三个层次的因素集分别设计为：

（1）初级因素集——一级指标级

$$U = \{U_1, U_2, U_3, U_4, U_5, U_6, U_7\}$$

其中，U_1 为实用价值，U_2 为历史价值，U_3 为艺术价值，U_4 为科学价值，U_5 为精神价值，U_6 为社会价值，U_7 为经济价值。

（2）二级因素集——二级指标级

$U_1 = \{U_{1a}\} = \{$实用价值$\}$

$U_2 = \{U_{2a}, U_{2b}\} = \{$历史见证价值，历史地位价值$\}$

$U_3 = \{U_{3a}, U_{3b}\} = \{$审美价值，民族文化意蕴$\}$

$U_4=\{U_{4a}\}=\{$技术价值$\}$

$U_5=\{U_{5a}\}=\{$精神和情感价值$\}$

$U_6=\{U_{6a},U_{6b},U_{6c}\}=\{$社会和谐价值，教育价值，研究价值$\}$

$U_7=\{U_{7a},U_{7b}\}=\{$产品经济价值，服务经济价值$\}$

（3）三级因素集——三级指标级

$U_{1a}=\{u_{1a1},u_{1a2},u_{1a3},u_{1a4},u_{1a5}\}=\{$耐用性，舒适性，使用广泛性，适用人群，可回收性$\}$

（二）调研与评价等级分数设计

1. 调研

组织相关专家通过问卷和现场调研对因素的价值高低进行打分，具体题目设计参见附录一《纺织类非物质文化遗产价值及其构成调查问卷》的综合矩阵量表题第26题，要求专家对价值体系的构成要素逐一进行价值高低的具体评价。具体问卷发放与回收情况与本章第三节第一部分所述一致，这里不再赘述。

2. 评价等级分数设计

组织相关专家通过问卷和现场调研对价值评价体系中因素的价值高低进行逐一打分，考虑到专家评分方便和评阅习惯，专家评分和确定评价等级阶段采用5分制，本书设计出的价值高低五级对称评语集为 $v=\{v_1,v_2,v_3,v_4,v_5\}=\{$很低，低，一般，高，很高$\}$。相应的分数情况设计为（$100\geqslant$价值非常高$\geqslant80$、$80>$价值高$\geqslant60$、$60>$价值一般$\geqslant40$、$40>$价值低$\geqslant20$、$20>$几乎没有价值$\geqslant0$），故前述评语集 v 对应取以上区间的极小值、下四分位数、中位数、上四分位数和极大值，并以此作为每个等级的分数，即安全得分集为 $G=\{0,25,50,75,100\}$，具体参见表3-11和表3-12。

表3-11　分数与评价级别关系

分数	1	2	3	4	5
评价级别	几乎没有价值	价值低	一般	价值高	价值非常高

表3-12　得分与评价级别关系

赋值区间	0~20	20~40	40~60	60~80	80~100
安全得分	0	25	50	75	100
评价级别	几乎没有价值	价值低	一般	价值高	价值非常高

（三）采用模糊算法模型进行验证与分析

1. 初级评价

根据前文德尔菲法确定三级指标的层内权重集 A 与对应指标的因素评价矩阵 R，采用模糊算法模型进行合成运算，得出价值体系中对应二级指标的综合决策向量集，合成运算采用模糊算法模型公式3-5。

如"实用价值"评价向量的算法过程为：

$$A_{1a} = \{0.0192, 0.0103, 0.0566, 0.0575, 0.0590\}$$

$$R_{1a} = \begin{bmatrix} 0.0236 & 0.0283 & 0.0991 & 0.2972 & 0.5519 \\ 0.0000 & 0.0047 & 0.0330 & 0.2311 & 0.7311 \\ 0.4151 & 0.1509 & 0.1274 & 0.1462 & 0.1604 \\ 0.4198 & 0.1462 & 0.1179 & 0.1321 & 0.1840 \\ 0.4717 & 0.1557 & 0.1604 & 0.0849 & 0.1274 \end{bmatrix}$$

根据合成运算采用模糊算法模型，得出：

$$B_{1a} = A_{1a} \times R_{1a}$$

$$= (0.0192, 0.0103, 0.0566, 0.0575, 0.0590) \times \begin{bmatrix} 0.0236 & 0.0283 & 0.0991 & 0.2972 & 0.5519 \\ 0.0000 & 0.0047 & 0.0330 & 0.2311 & 0.7311 \\ 0.4151 & 0.1509 & 0.1274 & 0.1462 & 0.1604 \\ 0.4198 & 0.1462 & 0.1179 & 0.1321 & 0.1840 \\ 0.4717 & 0.1557 & 0.1604 & 0.0849 & 0.1274 \end{bmatrix}$$

$$= (0.0759 \quad 0.0267 \quad 0.0257 \quad 0.0290 \quad 0.0453)$$

其他价值二级指标同样采用上述计算方法得出综合决策向量，这里不再赘述。

模糊综合评价得分采用模糊综合评价模型中公式3-6，对应分数集为$G=\{0,25,50,75,100\}$，从而得到的指标评价结果参见表3-13和表3-14。

表3-13 模糊评价初级综合决策向量及对应权重值表

一级指标	二级指标	三级指标	等级评价级别集合列 R					权重值集合列 A
			很不重要	不重要	一般	重要	很重要	k_j
实用价值	实用价值	耐用性	0.0236	0.0283	0.0991	0.2972	0.5519	0.0192
		舒适性	0.0000	0.0047	0.0330	0.2311	0.7311	0.0103
		使用广泛性	0.4151	0.1509	0.1274	0.1462	0.1604	0.0566
		适用人群	0.4198	0.1462	0.1179	0.1321	0.1840	0.0575
		可回收性	0.4717	0.1557	0.1604	0.0849	0.1274	0.0590
历史价值	历史见证价值	社会制度和宗教信仰	0.0142	0.3396	0.3726	0.1509	0.1226	0.0119
		生活方式和生产技术	0.0047	0.0142	0.0519	0.4104	0.5189	0.0101
		历史事件和人物	0.0000	0.0047	0.0472	0.4198	0.5283	0.0111
		民风民俗	0.0047	0.0094	0.0377	0.3868	0.5613	0.0079
		民族和地域特征	0.0000	0.0000	0.0047	0.3538	0.6415	0.0101
		起源和传说	0.0047	0.0094	0.0283	0.4151	0.5425	0.0102
	历史地位价值	濒危度	0.0047	0.0047	0.0472	0.4009	0.5425	0.0098
		影响度	0.0000	0.0094	0.0283	0.3679	0.5943	0.0092
		久远度	0.0000	0.0000	0.0283	0.4151	0.5566	0.0094
		稀缺度	0.0000	0.0000	0.0425	0.3396	0.6179	0.0094
艺术价值	审美价值	工艺	0.0000	0.0000	0.0377	0.3726	0.5896	0.0077
		构图	0.0000	0.0047	0.0189	0.3962	0.5802	0.0073
		色彩	0.0000	0.0047	0.0047	0.3962	0.5943	0.0071
		款式	0.0000	0.0000	0.0142	0.3821	0.6038	0.0089
		感染力	0.0000	0.0047	0.0613	0.3726	0.5613	0.0079

一级指标	二级指标	三级指标	等级评价级别集合列 R					权重值集合列 A
			很不重要	不重要	一般	重要	很重要	k_j
艺术价值	审美价值	解释力	0.0000	0.0047	0.0283	0.3679	0.5991	0.0107
		吸引力	0.0000	0.0283	0.1226	0.5613	0.2877	0.0071
	民族文化蕴意价值	象征力	0.0000	0.0000	0.0142	0.3915	0.5943	0.0105
		文化符号丰富性	0.0094	0.0283	0.0377	0.3774	0.5472	0.0072
		地域风格和特征强度	0.0000	0.0000	0.0236	0.3585	0.6179	0.0072
		风俗礼仪相关性	0.0000	0.0000	0.0236	0.3538	0.6226	0.0073
		典型性	0.0000	0.0000	0.0189	0.3868	0.5943	0.0074
		保持度	0.0000	0.0000	0.0189	0.4151	0.5660	0.0080
科技价值	技术价值	纺织工具	0.0000	0.0047	0.0283	0.4057	0.5613	0.0385
		技术工艺	0.0000	0.0000	0.0236	0.4387	0.5377	0.0357
		技术流程	0.0000	0.0000	0.0189	0.3208	0.6604	0.0372
		原材料和染料	0.0000	0.0000	0.0236	0.3491	0.6274	0.0403
精神价值	精神情感价值	民族认同感和归属感	0.0000	0.0047	0.0283	0.3726	0.5943	0.0177
		宗教信仰	0.0000	0.0000	0.0236	0.3491	0.6274	0.0223
		礼仪教化	0.0047	0.0047	0.0472	0.3821	0.5613	0.0202
		情感表达	0.0047	0.0000	0.0283	0.3774	0.5896	0.0271
		心理和品格特征	0.0047	0.0047	0.1462	0.3962	0.4481	0.0308
社会价值	社会和谐价值	促进社会和谐稳定	0.0094	0.0236	0.2500	0.5000	0.2170	0.0106
		国家认同作用	0.0047	0.0047	0.0660	0.4009	0.5236	0.0100
		文化交流代表性	0.0000	0.0000	0.0943	0.5047	0.4009	0.0088
	教育价值	科技知识的普及教育	0.0000	0.0000	0.0377	0.4292	0.5330	0.0091
		技能教育	0.0047	0.0000	0.0283	0.3821	0.5849	0.0129
		文化认同教育	0.0000	0.0330	0.1887	0.5425	0.2358	0.0087

第三章 纺织类非物质文化遗产价值评价模型构建与分析

纺织类 非物质文化遗产价值评价及分类保护路径研究

一级指标	二级指标	三级指标	等级评价级别集合列 R					权重值集合列 A
			很不重要	不重要	一般	重要	很重要	k_j
社会价值	研究价值	原生态程度	0.0000	0.0047	0.0283	0.3585	0.6085	0.0163
		优秀度	0.0000	0.0991	0.1179	0.3255	0.4575	0.0186
		濒危性	0.0094	0.1226	0.2877	0.3396	0.2406	0.0225
		不可替代性	0.0000	0.2547	0.2500	0.2217	0.2736	0.0199
经济价值	产品经济价值	产权价值	0.0000	0.1934	0.0943	0.2736	0.4387	0.0224
		产品附加值	0.0142	0.0236	0.0566	0.5236	0.3821	0.0151
		带动就业	0.0000	0.0000	0.0330	0.3066	0.6604	0.0214
		拉动消费	0.0047	0.0047	0.1226	0.3208	0.5472	0.0271
	服务经济价值	与相关产业的关联度	0.0330	0.5943	0.0708	0.1415	0.1604	0.0140
		开发渠道的丰富性	0.0000	0.0000	0.0236	0.2736	0.7028	0.0148
		竞争力	0.0000	0.0047	0.0236	0.2925	0.6792	0.0169
		开发适应性	0.0047	0.0047	0.0330	0.2500	0.7075	0.0549

表3-14　模糊评价初级综合决策得分

一级指标	二级指标	三级指标	因素权重分配 A	模糊综合评价 F_B	最终得分
实用价值	实用价值	耐用性	0.0192	83.3726	1.6008
		舒适性	0.0103	92.2170	0.9498
		使用广泛性	0.0566	41.2972	2.3374
		适用人群	0.0575	42.0519	2.4180
		可回收性	0.0590	35.7311	2.1081
历史价值	历史见证价值	社会制度和宗教信仰	0.0119	50.8491	0.6051
		生活方式和生产技术	0.0101	85.6604	0.8652

一级指标	二级指标	三级指标	因素权重分配 A	模糊综合评价 F_B	最终得分
历史价值	历史见证价值	历史事件和人物	0.0111	86.7925	0.9634
		民风民俗	0.0079	87.3113	0.6898
		民族和地域特征	0.0101	90.9198	0.9183
		起源和传说	0.0102	87.0755	0.8882
	历史地位价值	濒危度	0.0098	86.8396	0.8510
		影响度	0.0092	88.6792	0.8158
		久远度	0.0094	88.2075	0.8292
		稀缺度	0.0094	89.3868	0.8402
艺术价值	审美价值	工艺	0.0077	88.7972	0.6837
		构图	0.0073	88.7972	0.6482
		色彩	0.0071	89.5047	0.6355
		款式	0.0089	89.7406	0.7987
		感染力	0.0079	87.2642	0.6894
		解释力	0.0107	89.0330	0.9527
		吸引力	0.0071	77.7123	0.5518
	民族文化蕴意价值	象征力	0.0105	89.5047	0.9398
		文化符号丰富性	0.0072	85.7075	0.6171
		地域风格和特征强度	0.0072	89.8585	0.6470
		风俗礼仪相关性	0.0073	89.9764	0.6568
		典型性	0.0074	89.3868	0.6615
		保持度	0.0080	88.6792	0.7094
科技价值	技术价值	纺织工具	0.0385	88.0896	3.3915
		技术工艺	0.0357	87.8538	3.1364
		技术流程	0.0372	91.0377	3.3866
		原材料和染料	0.0403	90.0943	3.6308

左侧竖排标题：

纺织类

非物质文化遗产价值评价及分类保护路径研究

一级指标	二级指标	三级指标	因素权重分配 A	模糊综合评价 F_B	最终得分
精神价值	精神和情感价值	民族认同感和归属感	0.0177	88.9151	1.5738
		宗教信仰	0.0223	90.0943	2.0091
		礼仪教化	0.0202	87.3113	1.7637
		情感表达	0.0271	88.7264	2.4045
		心理和品格特征	0.0308	82.0047	2.5257
社会价值	社会和谐	促进社会和谐稳定	0.0106	72.3821	0.7673
		国家认同作用	0.0100	85.8962	0.8590
		文化交流代表性	0.0088	82.6651	0.7275
	教育价值	科技知识的普及教育	0.0091	87.3821	0.7952
		技能教育	0.0129	88.6085	1.1430
		文化认同教育	0.0087	74.5283	0.6484
	研究价值	原生态程度	0.0163	89.2689	1.4551
		优秀度	0.0186	78.5377	1.4608
		濒危性	0.0225	67.0755	1.5092
		不可替代性	0.0199	62.8538	1.2508
经济价值	产品经济价值	产权价值	0.0224	73.9387	1.6562
		产品附加值	0.0151	81.0377	1.2237
		带动就业	0.0214	90.6840	1.9406
		拉动消费	0.0271	85.0708	2.3054
	服务经济价值	与相关产业的关联度	0.0140	45.3774	0.6353
		开发渠道的丰富性	0.0148	91.9811	1.3613
		竞争力	0.0169	91.1557	1.5405
		开发后的适应性	0.0549	91.3208	5.0135
模糊综合评价总分			1.0000	76.9868	

2. 二级评价

将上述模糊算法模型合成运算得出的初级综合决策向量集合 **B** 与对应的因素评价权重集 **A** 相乘得出综合决策向量集 **C**，再将其与评语集 **G** 相乘，得出模糊综合评价的得分集 F_C，合成运算采用模糊算法模型中公式3-7和公式3-8，得到二级综合决策向量采用模糊算法合成运算结果参见表3-15。

表3-15 模糊评价二级综合决策向量及得分

二级指标	等级评价级别集合列 **B**					模糊综合评价 F_C
	很不重要	不重要	一般	重要	很重要	
实用价值	0.0759	0.0267	0.0257	0.0290	0.0453	46.4664
历史见证价值	0.0003	0.0044	0.0061	0.0215	0.0290	80.4214
历史地位价值	0.0000	0.0001	0.0014	0.0144	0.0218	88.2539
审美价值	0.0000	0.0004	0.0022	0.0228	0.0313	87.4780
民族文化蕴意价值	0.0001	0.0002	0.0011	0.0182	0.0281	88.8992
技术价值	0.0000	0.0002	0.0036	0.0573	0.0907	89.2900
精神和情感价值	0.0004	0.0003	0.0073	0.0445	0.0656	87.1078
社会和谐价值	0.0001	0.0003	0.0041	0.0138	0.0111	80.0612
教育价值	0.0001	0.0003	0.0024	0.0136	0.0144	84.2541
研究价值	0.0002	0.0097	0.0141	0.0240	0.0293	73.4269
产品经济价值	0.0003	0.0048	0.0070	0.0293	0.0446	82.8593
服务经济价值	0.0007	0.0087	0.0036	0.0247	0.0630	84.9960
模糊综合评价总分						76.9868

3. 综合评价

将三级评价为纺织类非遗指标体系中的最高级的综合价值评价结果，采用三级模糊综合评价的合成算法模型中公式3-9~公式3-11，得到三级综合决策向量采用模糊算法合成运算结果参见表3-16和表3-17。

表3-16　模糊评价二级、三级综合得分

一级指标	因素权重分配	模糊综合评价F_D	加权后分值	二级指标	因素权重分配	模糊综合评价F_C	加权后分值
实用价值	0.2026	46.4664	9.4141	实用价值	0.2026	46.4664	9.4141
历史价值	0.0991	83.4127	8.2662	历史见证价值	0.0613	80.4214	4.9300
				历史地位价值	0.0378	88.2539	3.3362
艺术价值	0.1043	88.1266	9.1916	审美价值	0.0567	87.4780	4.9600
				民族文化蕴意价值	0.0476	88.8992	4.3216
科技价值	0.1517	89.2900	13.5453	技术价值	0.1517	89.2900	13.5453
精神价值	0.1181	87.1078	10.2768	精神和情感价值	0.1181	87.1078	10.2768
社会价值	0.1374	77.2656	10.6163	社会和谐价值	0.0294	80.0612	2.3538
				教育价值	0.0307	84.2541	2.5866
				研究价值	0.0773	73.4269	5.6759
经济价值	0.1866	84.0113	15.6757	产品经济价值	0.0860	82.8593	7.1259
				服务经济价值	0.1006	84.9960	8.5506
模糊综合评价总分	76.9868			模糊综合评价总分	76.9868		

表3-17　价值体系准则层和目标模糊综合评价结果

目标层	模糊综合评价F_T	准则层	模糊综合评价F_E	加权后分值	一级指标	加权后分值
纺织类非遗价值	76.9868	基础价值	46.4664	9.4141	实用价值	9.4141
		遗产性价值	87.3390	41.2502	历史价值	8.2662
					艺术价值	9.1916

目标层	模糊综合评价F_T	准则层	模糊综合评价F_E	加权后分值	一级指标	加权后分值
纺织类非遗价值	76.9868	遗产性价值	87.3390	41.2502	科技价值	13.5453
					精神价值	10.2768
		衍生价值	81.1481	26.2920	社会价值	10.6163
					经济价值	15.6757

模糊综合评价结果均与安全的分区间应保持一致，也采用百分制衡量（100≥价值非常高≥80、80＞价值高≥60、60＞价值一般≥40、40＞价值低≥20、20＞几乎没有价值≥0）。从表3-12~表3-14的模糊综合评价结果的分值来看，模糊综合评价总分为76.9868，处于价值高区间的上限和价值非常高区间的下限，说明问卷调研对象对纺织类非遗的价值认知还是非常高的。不过，要注意的是，该得分接近对应区间的上下限值，这说明不同问卷调研对象对其价值认知还是存在一定差异的。

另外，从价值构成指标具体项目的得分来看，其中"实用价值"评价得分为46.4664，说明在总体价值体系中，目前对于纺织类非遗实用价值的评价一般；从其一级指标的评价结果分析，主要是使用的广泛性、适用人群和可回收性等较低导致的普遍价值认知偏低；还有，二级指标中的"研究价值"得分为73.4269，也明显低于其他价值构成要素的评价结果；另外，三级指标中与相关产业的关联度也是价值得分偏低的要素，得分仅为45.3774，这说明纺织类非遗目前的产业开发还有一定的局限性。

还有，绝对性综合评价分值在对比价值构成时，应注意结合具体指标权重转化成标准化指标，转换之后的指标更具有可比性，因此，从图3-8~图3-10中加权后的分值对比雷达图可以直接看出具体价值构成上的指标差异，这也是进行价值构成差异化分析的有效依据。

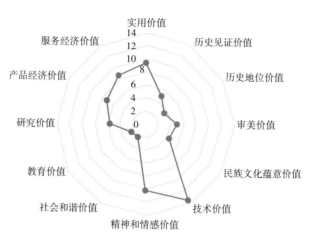

图3-8 价值体系二级指标模糊综合评价加权后分值对比

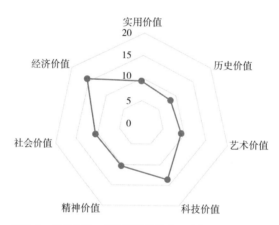

图3-9 价值体系一级指标模糊综合评价加权后分值对比

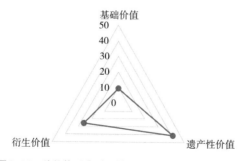

图3-10 价值体系准则层模糊综合评价加权后分值对比

第五节　价值评价与保护形式的关联分析

社会生态视角下的纺织类非遗保护，应该既要把纺织类非遗置于社会生态系统之内，综合纺织类非遗项目资源及其对社会生态环境的适应能力，进行整体研究和分析，又应该考虑纺织类非遗项目资源自身的特质，并以其价值构成和价值大小为依据进行保护路径的设计。

前文已经构建了系统性的纺织类非遗"37NN"四级价值评价体系，并建立了纺织类非遗价值的模糊综合评价模型，该模型可以对任何一个、一类别或一区域的纺织类非遗项目作出具体的价值评价，同时该模糊综合评价模型分层级设计，也可以对纺织类非遗的价值构成进行准确的量化，这种定量的价值评价体系和方法，可以挖掘出纺织类非遗的价值构成差异，并以此为依据来分析价值评价和保护形式之间的关联关系，并将非遗项目进行分类，从而设计出不同类别项目的保护路径。

纺织类非遗的价值分为基础价值、遗产性价值和衍生价值三大类，基础价值、遗产性价值为基本价值，衍生价值为派生价值，按照这种价值关系，集合模糊综合评价不同准则层的评分结果，可以进一步将纺织类非遗项目作出细分。

在细分的时候，我们既应该考虑到纺织类非遗的基础价值、遗产性价值与衍生价值的因果关系，也应该考虑到，作为国家级或者省市级纺织类非遗项目，其遗产性价值必然是核心，只是不同项目的遗产性价值被认知的程度不同罢了。因此，在进行细分时，应首先对比其基础价值和衍生价值，并将遗产性价值作为核心点进行比较和判断。

这里，同样借助美国通用电气公司设计矩阵的九象限评价法的基本思想，将非遗的基础价值和衍生价值分别设立成两个坐标轴，其中基础价值为横轴，衍生价值为纵轴，以模糊综合评价的分值为对应价值量确定坐标位置，并将非遗的基础价值和衍生价值按照价值量在坐标轴上分别各划分为高（大、强）、中、低（小、弱）3个层级，从而形成9种组合方格以及3个区域的二维分类矩阵（图3-11）。

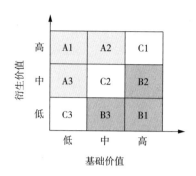

图3-11　基于纺织类非遗价值构成的GE二维分类矩阵

从图3-11中可以看出，可以将非遗依据其价值构成划分成9象限3个区域，分别用字母A、B、C来表示。A区域对应的非遗项目资源衍生价值高于基础性价值，B区域对应的非遗项目资源基础价值高于衍生价值，C区域对应的非遗资源基础价值与衍生价值的评价近似相等。具体关系参见表3-18。

表3-18　GE分类矩阵中的基础价值和遗产性价值关系

区域	一般特征	具体表现
A	衍生价值大于基础价值	A1衍生价值高，基础价值低 A2衍生价值高，基础价值中 A3衍生价值中，基础价值低
B	基础价值大于衍生价值	B1基础价值高，衍生价值低 B2基础价值高，衍生价值中 B3基础价值中，衍生价值低
C	基础价值与衍生价值基本持平	C1基础价值高，衍生价值高 C2基础价值中，衍生价值中 C3基础价值低，衍生价值低

在上述二维矩阵分类的基础上，若进一步以遗产性价值的价值量大小作为第三维变量引入进行对比并作为分类的依据，可以将对应遗产性价值价值量的高低作为坐标点并用气泡的大小来表示，具体细分如图3-12所示的GE三维立体分类矩阵：

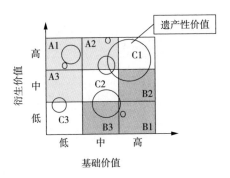

图3-12　基于纺织类非遗价值构成的GE三维分类矩阵

以遗产性价值的价值量大小作为第三维变量引入后，可以将纺织类非遗项目作出进一步细分，具体参见表3-19。

表3-19　GE分类矩阵的纺织类非遗价值细分表

区域	一般特征	初级细分	衍生价值	具体细分
A	衍生价值大于基础价值	A1衍生价值高，基础价值低	高	A11衍生价值高，基础价值低，遗产性价值高
			中	A12衍生价值高，基础价值低，遗产性价值中
			低	A13衍生价值高，基础价值低，遗产性价值低
		A2衍生价值高，基础价值中	高	A21衍生价值高，基础价值中，遗产性价值高
			中	A21衍生价值高，基础价值中，遗产性价值中
			低	A21衍生价值高，基础价值中，遗产性价值低
		A3衍生价值中，基础价值低	高	A31衍生价值中，基础价值高，遗产性价值高
			中	A32衍生价值中，基础价值高，遗产性价值中
			低	A33衍生价值中，基础价值高，遗产性价值低
B	基础价值大于衍生价值	B1基础价值高，衍生价值低	高	B11基础价值高，衍生价值低，遗产性价值高
			中	B12基础价值高，衍生价值低，遗产性价值中
			低	B13基础价值高，衍生价值低，遗产性价值低
		B2基础价值高，衍生价值中	高	B21基础价值高，衍生价值中，遗产性价值高
			中	B22基础价值高，衍生价值中，遗产性价值中
			低	B23基础价值高，衍生价值中，遗产性价值低

区域	一般特征	初级细分	衍生价值	具体细分
B	基础价值大于衍生价值	B3基础价值中，衍生价值低	高	B31基础价值中，衍生价值低，遗产性价值高
			中	B32基础价值中，衍生价值低，遗产性价值中
			低	B33基础价值中，衍生价值低，遗产性价值低
C	基础价值与衍生价值近似相等	C1基础价值高，衍生价值高	高	C11基础价值高，衍生价值高，遗产性价值高
			中	C12基础价值高，衍生价值高，遗产性价值中
			低	C13基础价值高，衍生价值高，遗产性价值低
		C2基础价值中，衍生价值中	高	C21基础价值中，衍生价值中，遗产性价值高
			中	C22基础价值中，衍生价值中，遗产性价值中
			低	C23基础价值中，衍生价值中，遗产性价值低
		C3基础价值低，衍生价值低	高	C31基础价值低，衍生价值低，遗产性价值高
			中	C32基础价值低，衍生价值低，遗产性价值中
			低	C33基础价值低，衍生价值低，遗产性价值低

表3-19将纺织类非遗项目依据其价值构成，分成了27类，但是我们应该认识到，作为非遗项目，能够被国家或者省市批准并列入代表性名录，其遗产性价值必然是不低的。因此，从理论上和实践上，应该把所有遗产性价值低的类别予以剔除，从而形成18种分类结果。同时，在对非遗项目进行价值评价时，若出现遗产性价值偏低的结果，有关非遗保护部门应该进行二次评价和深度判断，考虑其原因，并作出决策。

在价值构成中，根据价值评价指标体系，通过问卷调研等方式，可以计算得出基础价值、遗产性价值以及衍生价值之间的权重情况。

综上所述，本书构建的价值体系和评价模型具有一定的推广意义：首先，纺织类非遗价值评价体系具有普适性，可用于任何一个单项的纺织类非遗项目的具体价值评价，也可用于某类别的纺织类非遗项目的价值综合评价，还可以用于所有纺织类非遗项目的综合评价；其次，构建的评价模型分三级建立，即对价值体系中的一级指标、二级指标和三级指标都可以作出准确的价值度量，便于深入观测纺织类非遗的价值及其内涵特征；最后，纺织类非遗价值体系和模糊数学综合评价模型可用于类似非遗项目资源的价值构成比较研究，既有利于对纺织类非遗项目的内在价值构成进行准确的量化和对比，为非遗价值的发现和进一步挖掘提供了可靠的度量依据，又可以用于各类别非遗价值的横向对比分析，挖掘不同类别非遗项目资源的价值特点和差异，对非遗保护路径的选择提供更加客观和可靠的可视性、直观性、标准性依据。

然而在当今时代，仅仅依靠价值判断还难以更科学、精准地确定其保护路径，还应结合时代经济发展，秉承"见人·见物·见生活"的方针，将非遗保护置于社会生态大系统中进行考量，因而本书进一步深入探究，采用资源、市场和产品（RMP）理论这一全新角度，结合非遗价值判定及其传承发展中存在的关键问题进行分类保护的适应性测度，在此基础上构建纺织类非遗的分类保护路径。

为更精准考量纺织类非遗保护路径，在前文分析的基础上，本章运用ANP模型构建纺织类非遗保护的适应性测度模型，一方面可以在价值判断的基础上深入探究纺织类非遗保护的适应性水平以及保护措施的针对性和有效性，另一方面可根据评价结果构建完善的保护路径，从而实现纺织类非遗传承与保护的持续改进。

第四章

纺织类非物质文化遗产分类保护的适应性测度

第一节 适应性测度模型的设计

纺织类非遗的适应性测度是结合非遗项目的价值状况，通过对其现状进行综合评判，进而提出该种情况下所对应的保护路径，即对不同项目因不同保护现状而出具差异化的保护路径。本书在适应性测度研究时，采用资源、市场和产品（RMP）理论这一全新角度探讨纺织类非遗适应性保护的逻辑与价值，结合非遗项目的实际情况，结合非遗项目的遗产价值、基础价值、衍生价值，从非遗项目的资源要素到产品要素再到市场要素三个层面进行全面、科学的评判，体现非遗"见人·见物·见生活"的生态保护理念。构建的纺织类非遗保护的适应性测度模型，如图4-1所示。

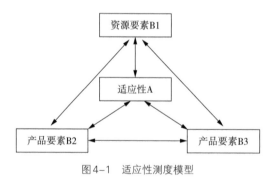

图4-1 适应性测度模型

第二节 指标体系的构建

综合前文对非遗价值的相关研究，结合纺织类非遗保护过程中存在的主要问题，为进一步更深入的探究纺织类非遗的保护路径，通过问卷调查、专家访谈打分，本书从非遗价值关联的指标中选取相关指标，从非遗资源、非遗产品和面向市场三个与非遗保护关联最为直接的层面，对其保护的适应性进行测度，以期更有针对性的构建相应的分类保护路径。

适应性测度的指标体系如表4-1所示。

表4-1　适应性测度模型指标体系

目标层	准则层（二级指标）	元素层（三级指标）	衡量指标
纺织类非遗保护的适应性	资源要素 B1	资源开发价值C1	非遗产品附加值、拉动消费、带动就业等
		资源历史价值C2	非遗项目的濒危度、影响度、久远度、稀缺度等
		资源经济价值C3	开发渠道的丰富性、开发适应性等
		传承人规模C4	传承人的数量、年龄结构等
		资源实用价值C5	产品、作品表现形式，耐用性、舒适性、适用人群、可回收性等
	产品要素 B2	开发模式C6	与相关产业的关联形式：博物馆、旅游纪念品、节庆演艺活动等
		创新方向C7	产品精神情感价值体验升级等
		创新的外部环境C8	民族认同，国家认同，文化认同
	市场要素 B3	区域分布差异C9	非遗项目的地域风格和特征强度
		区域间市场竞争C10	同类项目赋存与分布、市场竞争情况等
		社会文化生态的耦合度C11	开采、生产、表达过程中对社会及文化生态环境的破坏度
		适用程度C12	适用人群、广泛程度等
		消费水平意愿C13	消费金额、时间等
		技艺本真程度C14	原始材料的使用情况、技术工艺、技术流程等

第三节　纺织类非遗保护适应性测度的定量评价

　　根据前两节的研究分析，对纺织类非遗保护的适应性测度需要对评价指标进行综合确定。考虑到历来使用的权重确定方法，如AHP法等虽使用频率较高，但权重确定存在误差，故本书采用更为科学的网络层次分析法（ANP）进行确定和衡量。

　　网络层次分析法（ANP），可以满足元素之间存在相互影响关系的现象，将系统内元素之间的关系用类似网状结构联系起来，让元素内部具有相互影响和作用的元素能够有效的反映和加权，在解决元素之间具有网络影响关系的评价体系中是一种更加有效的决策方法。

（一）ANP网络结构

　　运用ANP法时，考虑到元素内部存在的相互依赖和反馈关系，本书将系统内部元素划分为两大部分。第一部分为控制层，主要包括目标和主要决策准则，准则之间是相互独立的，其权重可以通过普通的AHP法获得。当然也可以没有准则，但是必须需要存在目标。第二部分为网络层，这一部分即所有受控制层支配的元素，相互影响并共同构成了一个网络结构（图4-2）。

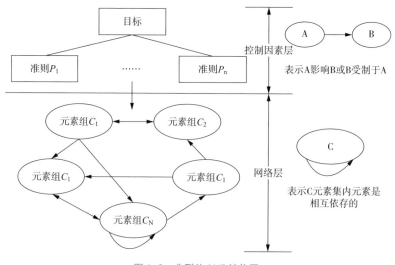

图4-2　典型的ANP结构图

利用ANP法首先构建纺织类非遗保护的适应性测度模型，分为两部分：第一部分是控制因素层，第二部分是网络层。控制因素层包括决策目标，即适应性目标，决策准则即资源要素、产品要素和市场要素三个准则。决策准则只受目标元素支配，且彼此之间相互独立。网络层是由受控制因素层支配的元素，由三级指标和评价指标共同构成，内部有些指标并非完全相互独立，相互之间存在影响和反馈作用。

（二）实现步骤

1. 分析问题

首先对决策问题进行系统的分析，包括准则和元素的确定。判断元素层内部是否独立，或者存在依存关系。

2. 构造ANP的典型结构

先确定决策目标，然后细分决策准则，确定问题的基本框架。各个准则的权重可以由AHP法获得。

3. 构建ANP超矩阵计算权重

通过问卷的形式获得元素之间的影响关系和权重打分，构建超矩阵，进行运算。考虑到元素间存在依存关系，计算量庞大，可以借助Super Decision软件进行数据处理，具体处理过程如下：

①根据获得的元素间的依存关系，依次对存在关系的元素进行两两比较，构造判断矩阵（打分准则见表4-2）；

②根据判断矩阵的结果计算未加权的超矩阵结果，利用特征向量法获得归一化特征向量；

③确定超矩阵中各元素组的权重（保证各列归一）；

④结合准则层的权重结果，计算加权超矩阵；

⑤计算极限超矩阵，使用幂法，求超矩阵的 n 次方，直到矩阵各列向量保持不变。

表4-2　评估判断值说明（打分规则）

C_{mn} 赋值	重要性等级
1	两个因素相比，m 与 n 两元素同等重要
3	两个因素相比，m 元素比 n 元素稍重要
5	两个因素相比，m 元素比 n 元素明显重要
7	两个因素相比，m 元素比 n 元素强烈重要
9	两个因素相比，m 元素比 n 元素极端重要
2,4,6,8	表示上述相邻判断的中间值，若因素 m 与因素 n 的重要性之比为 C_{mn}，那么因素 n 与因素 m 重要性之比为 $1/C_{mn}$（倒数）

　　模型运行可借助 Super Decisions 软件进行，但是关联情况表的内容需要通过专家打分法进行，因此，为避免工作量过大，影响模型结果，应对纺织类非遗价值体系进行典型化、精简化处理。

第四节　基于ANP的适应性测度模型的应用

（一）网络结构的建立

　　根据构建的模型及指标体系，考虑到元素层内的因素不仅对其本身上层有影响，元素层内部之间也存在两两相互作用的影响。本书运用ANP法，建立准则层各元素之间的相互影响和相互作用关系（图4-3）。

（二）指标间影响关系的确立

　　如图4-3所示，不仅组内元素间存在相互关系，组间元素之间也存在相互影响关系。一般情况下，指标间的影响关系可以通过专家组的讨论或者问卷调查的形式获得。为了避免主观原因过多影响最终权重，而更加科学地确定指标之间相互影响关系，本书通过问卷和访谈相结合的方式，对指标间关系进行评

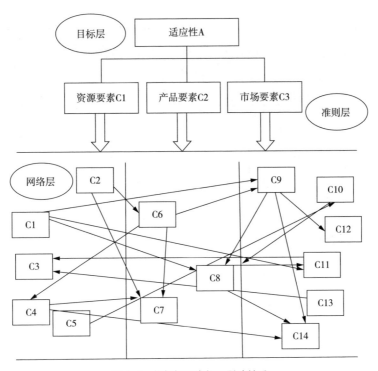

图4-3 指标间元素相互影响关系

判，将问卷结果和访谈结果进行综合评估和确认，获得指标间的相互影响关系（表4-3）。

表4-3 指标间影响关系表

指标	C1	C2	C3	C4	C5	C6	C7	C8	C9	C10	C11	C12	C13	C14
C1		1	1	0	0	0	0	0	0	0	0	0	1	0
C2	0		1	0	0	1	1	0	0	0	0	0	0	0
C3	0	0		0	0	0	0	0	1	0	1	0	0	0
C4	0	0	0		1	1	1	0	0	0	0	1	0	1
C5	0	0	0	0		0	0	0	0	1	0	0	1	0
C6	0	0	0	1	1		1	1	0	0	0	1	1	1
C7	0	0	0	1	1	0		0	1	1	1	0	1	1
C8	0	0	0	0	0	0	0		1	1	1	0	0	0
C9	1	1	0	1	0	0	0	0		0	0	0	0	0

指标	C1	C2	C3	C4	C5	C6	C7	C8	C9	C10	C11	C12	C13	C14
C10	0	0	0	1	1	1	1	1	0		0	0	0	0
C11	1	0	1	0	0	0	0	0	0	0		0	0	0
C12	0	1	0	1	1	0	0	0	0	1	0		0	1
C13	0	0	0	1	1	0	0	0	0	0	0	1		0
C14	0	1	1	1	1	1	1	1	0	0	0	0	0	

注：其中"1"表示存在影响关系；"0"表示无影响关系；空白表示为无此项。

（三）各层指标权重的确定

基于ANP法在计算指标权重时计算量烦琐，难度较大。故本书采用专门为ANP法提供的决策软件Super Decision予以计算。通过计算机的操作，制作出模型如图4-4所示：

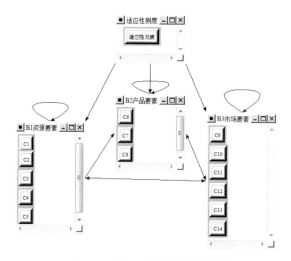

图4-4　基于ANP的适应性测度模型

通过对问卷二（见附录二）结果的分析以及模型的设立，可以初步确定指标间的影响情况。据此发放问卷三（见附录三），目的在于获得具有影响关系的指标间比较的重要程度。调查对象为不同地区纺织类非遗的代表性传承人、从业人员以及高校的研究学者。最终通过对问卷结果的分析构造判断矩阵。

1. 构建判断矩阵

根据前文介绍的判断矩阵的构建方法，以及评分规则，所构建的判断矩阵见图4-5：

图4-5　Super Decisions 判断矩阵构建示意图

表4-4显示二级指标（B1-B3）的判断矩阵一致性检验结果0.0176<0.1，即一致性可以被接受。同时可以发现，三个二级指标的权重分别为：0.443、0.169、0.388。

表4-4　适应性测度的二级指标权重

适应性测度A	资源要素B1	产品要素B2	市场要素B3	特征向量W
资源要素B1	1	3	1	0.443
产品要素B2	1/3	1	1/2	0.169
市场要素B3	1	2	1	0.388

注：随机一致性CR=0.0176<0.1。

对其他各层指标进行判断矩阵分析如表4-5至表4-28所示：

表4-5　基于资源要素B1的元素层比较矩阵

B1	C1	C2	C3	C4	C5	特征向量W
C1	1	3	4	1/3	1	0.215
C2	1/3	1	1	1/4	1/3	0.078

B1	C1	C2	C3	C4	C5	特征向量W
C3	1/4	1	1	1/4	1/2	0.081
C4	3	4	4	1	3	0.443
C5	1	3	2	1/3	1	0.183

注：随机一致性CR=0.0309<0.1。

表4-6　基于产品要素B2的元素层比较矩阵

B2	C6	C7	C8	特征向量W
C6	1	1/2	1/2	0.196
C7	2	1	2	0.493
C8	2	1/2	1	0.311

注：随机一致性CR=0.0516<0.1。

表4-7　基于市场要素B3的元素层比较矩阵

B3	C9	C10	C11	C12	C13	C14	特征向量W
C9	1	2	1/3	1/2	1/3	1/3	0.080
C10	1/2	1	1/2	1/2	1/3	1/3	0.070
C11	3	2	1	3	3	2	0.273
C12	2	2	1/3	1	1/3	1	0.127
C13	3	3	1/3	3	1	1	0.210
C14	3	3	2	1	1	1	0.240

注：随机一致性CR=0.087<0.1。

表4-8　关于资源开发价值C1在资源要素B1中各元素的两两比较矩阵

C1	C2	C3	特征向量W
C2	1	1/2	0.333
C3	2	1	0.667

注：随机一致性CR=0<0.1。

表4-9 关于资源历史价值C2在产品要素B2中各元素的两两比较矩阵

C2	C6	C7	特征向量W
C6	1	1/2	0.333
C7	2	1	0.667

注：随机一致性CR=0<0.1。

表4-10 关于资源经济价值C3在市场要素B3中各元素的两两比较矩阵

C3	C9	C11	特征向量W
C9	1	1/3	0.250
C11	3	1	0.750

注：随机一致性CR=0<0.1。

表4-11 关于传承人规模C4在产品要素B2中各元素的两两比较矩阵

C4	C6	C7	特征向量W
C6	1	1/4	0.200
C7	4	1	0.800

注：随机一致性CR=0<0.1。

表4-12 关于传承人规模C4在市场要素B3中各元素的两两比较矩阵

C4	C12	C14	特征向量W
C12	1	1/4	0.200
C14	4	1	0.800

注：随机一致性CR=0<0.1。

表4-13 关于资源实用价值C5在市场要素B3中各元素的两两比较矩阵

C5	C10	C13	特征向量W
C10	1	1/3	0.250
C13	3	1	0.750

注：随机一致性CR=0.0176<0.1。

表4-14　关于开发模式C6在资源要素B1中各元素的两两比较矩阵

C6	C4	C5	特征向量W
C4	1	2	0.667
C5	1/2	1	0.333

注：随机一致性CR=0<0.1。

表4-15　关于开发模式C6在产品要素B2中各元素的两两比较矩阵

C6	C7	C8	特征向量W
C7	1	3	0.750
C8	1/3	1	0.250

注：随机一致性CR=0<0.1。

表4-16　关于开发模式C6在市场要素B3中各元素的两两比较矩阵

C6	C12	C13	C14	特征向量W
C12	1	1	1/3	0.200
C13	1	1	1/3	0.200
C14	3	3	1	0.800

注：随机一致性CR=0<0.1。

表4-17　关于创新方向C7在资源要素B1中各元素的两两比较矩阵

C7	C4	C5	特征向量W
C4	1	2	0.667
C5	1/2	1	0.333

注：随机一致性CR=0<0.1。

表4-18　关于创新方向C7在市场要素B3中各元素的两两比较矩阵

C7	C9	C10	C11	C12	C13	C14	特征向量W
C9	1	1	1/2	1/2	1/2	1/3	0.086
C10	1	1	1/2	1/2	1/2	1/3	0.086

C7	C9	C10	C11	C12	C13	C14	特征向量W
C11	2	2	1	3	3	2	0.311
C12	2	2	1/3	1	3	1/2	0.175
C13	2	2	1/3	1/3	1	1	0.132
C14	3	3	1/2	2	1	1	0.212

注：随机一致性 CR=0.0516<0.1。

表4-19　关于创新的外部环境 C8 在市场要素 B3 中各元素的两两比较矩阵

C8	C9	C10	C11	特征向量W
C9	1	1	1/3	0.210
C10	1	1	1/2	0.240
C11	3	2	1	0.550

注：随机一致性 CR=0.0176<0.1。

表4-20　关于区域分布差异 C9 在资源要素 B1 中各元素的两两比较矩阵

C9	C1	C2	C4	特征向量W
C1	1	4	3	0.614
C2	1/4	1	1/3	0.117
C4	1/3	3	1	0.268

注：随机一致性 CR=0.0707<0.1。

表4-21　关于区域间市场竞争 C10 在资源要素 B1 中各元素的两两比较矩阵

C10	C4	C5	特征向量W
C4	1	2	0.667
C5	1/2	1	0.333

注：随机一致性 CR=0<0.1。

表4-22 关于区域间市场竞争C10在产品要素B2中各元素的两两比较矩阵

C10	C6	C7	C8	特征向量 W
C6	1	3	1	0.429
C7	1/3	1	1/3	0.142
C8	1	3	1	0.429

注：随机一致性CR=0<0.1。

表4-23 关于社会生态的耦合度C11在资源要素B1中各元素的两两比较矩阵

C11	C1	C3	特征向量 W
C1	1	3	0.750
C3	1/3	1	0.250

注：随机一致性CR=0<0.1。

表4-24 关于适用程度C12在资源要素B1中各元素的两两比较矩阵

C12	C1	C4	C5	特征向量 W
C1	1	1/3	1/3	0.140
C4	3	1	2	0.528
C5	3	1/2	1	0.332

注：随机一致性CR=0.0516<0.1。

表4-25 关于适用程度C12在产品要素B3中各元素的两两比较矩阵

C12	C10	C14	特征向量 W
C10	1	1/3	0.250
C14	3	1	0.750

注：随机一致性CR=0<0.1。

表4-26 关于消费水平意愿C13在资源要素B1中各元素的两两比较矩阵

C13	C4	C5	特征向量 W
C4	1	1	0.500

C13	C4	C5	特征向量 W
C5	1	1	0.500

注：随机一致性 CR=0<0.1。

表4-27 关于技艺本真程度 C14 在资源要素 B1 中各元素的两两比较矩阵

C14	C2	C3	C4	C5	特征向量 W
C2	1	1	1/3	1/2	0.141
C3	1	1	1/3	1/2	0.141
C4	3	3	1	1	0.455
C5	2	2	1/2	1	0.263

注：随机一致性 CR=0.004<0.1。

表4-28 关于技艺本真程度 C14 在产品要素 B2 中各元素的两两比较矩阵

C15	C6	C7	特征向量 W
C6	1	1/3	0.250
C7	3	1	0.750

注：随机一致性 CR=0<0.1。

2. 未加权与加权超矩阵权重的确定

通过对以上判断矩阵的综合评价，利用 Super Decision 软件操作，可以得出未加权的各项指标的权重，以及考虑了二级指标权重以后的加权超矩阵各项权重的结果（表4-29）。

表4-29 未加权与加权超矩阵的权重结果

二级指标	权重	三级指标	未加权权重	加权权重
资源要素 B1	0.443	资源开发价值 C1	0.21487	0.09528
		资源历史价值 C2	0.07834	0.03474
		资源经济价值 C3	0.08081	0.03583

二级指标	权重	三级指标	未加权权重	加权权重
资源要素B1	0.443	传承人规模C4	0.44256	0.19625
		资源实用价值C5	0.18342	0.08133
产品要素B2	0.169	开发模式C6	0.19580	0.03313
		创新方向C7	0.49339	0.08348
		创新的外部环境C8	0.31081	0.05259
市场要素B3	0.388	区域分布差异C9	0.08024	0.03108
		区域间市场竞争C10	0.07031	0.02724
		社会文化生态的耦合度C11	0.27253	0.10557
		适用程度C12	0.12668	0.04907
		消费水平意愿C13	0.20977	0.08126
		技艺本真程度C14	0.24047	0.09315

3. 极限超矩阵的确定

根据ANP法，考虑到指标间的相互关系存在信息不完备的情况，需要对结果进行稳定性处理。本书借鉴萨蒂教授提出的解决方法，即将超矩阵的幂基数放大，进行$2k+1$次乘方演化，当$k \to \infty$时，矩阵的结果将归于稳定，形成长期稳定的极限超矩阵。此部分由于运算量巨大，因此通过Super Decision进行计算机操作运算，获得极限超矩阵权重结果（表4-30）。

表4-30 极限超矩阵的权重结果

权重	C1	C2	C3	C4	C5	C6	C7	C8	C9	C10	C11	C12	C13	C14
C1	0.05485	0.05485	0.05485	0.05485	0.05485	0.05485	0.05485	0.05485	0.05485	0.05485	0.05485	0.05485	0.05485	0.05485
C2	0.03482	0.03482	0.03482	0.03482	0.03482	0.03482	0.03482	0.03482	0.03482	0.03482	0.03482	0.03482	0.03482	0.03482
C3	0.03739	0.03739	0.03739	0.03739	0.03739	0.03739	0.03739	0.03739	0.03739	0.03739	0.03739	0.03739	0.03739	0.03739
C4	0.14250	0.14250	0.14250	0.14250	0.14250	0.14250	0.14250	0.14250	0.14250	0.14250	0.14250	0.14250	0.14250	0.14250
C5	0.13877	0.13877	0.13877	0.13877	0.13877	0.13877	0.13877	0.13877	0.13877	0.13877	0.13877	0.13877	0.13877	0.13877
C6	0.03804	0.03804	0.03804	0.03804	0.03804	0.03804	0.03804	0.03804	0.03804	0.03804	0.03804	0.03804	0.03804	0.03804

权重	C1	C2	C3	C4	C5	C6	C7	C8	C9	C10	C11	C12	C13	C14
C7	0.09665	0.09665	0.09665	0.09665	0.09665	0.09665	0.09665	0.09665	0.09665	0.09665	0.09665	0.09665	0.09665	0.09665
C8	0.01468	0.01468	0.01468	0.01468	0.01468	0.01468	0.01468	0.01468	0.01468	0.01468	0.01468	0.01468	0.01468	0.01468
C9	0.01656	0.01656	0.01656	0.01656	0.01656	0.01656	0.01656	0.01656	0.01656	0.01656	0.01656	0.01656	0.01656	0.01656
C10	0.05369	0.05369	0.05369	0.05369	0.05369	0.05369	0.05369	0.05369	0.05369	0.05369	0.05369	0.05369	0.05369	0.05369
C11	0.05112	0.05112	0.05112	0.05112	0.05112	0.05112	0.05112	0.05112	0.05112	0.05112	0.05112	0.05112	0.05112	0.05112
C12	0.09068	0.09068	0.09068	0.09068	0.09068	0.09068	0.09068	0.09068	0.09068	0.09068	0.09068	0.09068	0.09068	0.09068
C13	0.14041	0.14041	0.14041	0.14041	0.14041	0.14041	0.14041	0.14041	0.14041	0.14041	0.14041	0.14041	0.14041	0.14041
C14	0.08985	0.08985	0.08985	0.08985	0.08985	0.08985	0.08985	0.08985	0.08985	0.08985	0.08985	0.08985	0.08985	0.08985

通过上表可以发现，从数据第二列开始，其后每一列都与第一列相同，这是循环反馈ANP网络反复迭代求极限的结果。这些结果即可代表各个指标所对应的权重，具体结果以及排序见表4-31：

表4-31 指标综合权重及排序情况

二级指标	三级指标	综合权重	综合排序
资源要素B1	资源开发价值C1	0.05485	7
	资源历史价值C2	0.03482	12
	资源经济价值C3	0.03739	11
	传承人规模C4	0.14250	1
	资源实用价值C5	0.13877	3
产品要素B2	开发模式C6	0.03804	10
	创新方向C7	0.09665	4
	创新的外部环境C8	0.01468	14
市场要素B3	区域分布差异C9	0.01656	13
	区域间市场竞争C10	0.05369	8
	社会文化生态的耦合度C11	0.05112	9
	适用程度C12	0.09068	5

第四章 纺织类非物质文化遗产分类保护的适应性测度

二级指标	三级指标	综合权重	综合排序
市场要素 B3	消费水平意愿 C13	0.14041	2
	技艺本真程度 C14	0.08985	6

指标权重确定完成后，可以发现在适应性测度体系中，权重影响最主要的六项指标是：资源要素 B1 项下的传承人规模 C4（0.1425）、资源实用价值 C5（0.1388）；产品要素 B2 项下的创新方向 C7（0.0967）；市场要素 B3 项下的适用程度 C12（0.0907）、消费水平意愿 C13（0.1404）和技艺本真程度 C14（0.0899）。这六个指标的权重之和达到了总体权重的70%，分布于三个二级指标当中。也比较符合目前在非遗的保护与发展中，着重强调的传承人、资源实用价值、技艺本真性、创新方向、适用程度及消费水平意愿等重要因素。

第五节 实证

以上对适应性测度的指标体系进行了权重的确定，可以得出 R 资源要素、P 产品要素以及 M 市场要素之间的权重情况。资源要素中，C1~C5 各指标权重之和为0.4083；产品要素中，C6~C8 各指标权重之和为0.1494；市场要素中，C9~C14 各指标权重之和为0.4423。可以发现资源要素与市场要素影响作用都很大，二者之差（0.034）小于资源要素权重总和的10%，总数比较相近，具有一定的可比性。产品要素作为资源要素的外在表达和市场要素的物质体现，从非遗项目本身来看，其在申报和立项的过程中，非遗产品作为直观的外在表现形式，导致非遗项目的产品要素的评分普遍偏高，同时产品要素的权重总和占比较小，故在适应性等级划分时，可作为分析决策时的过渡阶段。因此，决策时可以主要依据资源要素与市场要素的具体情况，针对不同的非遗项目做出不同的决策依据（图4-6）。

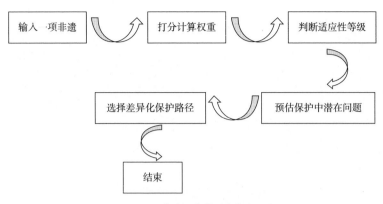

图4-6 非遗适应性测度流程图

在分析具体某一项非遗时，可依据该项非遗的具体情况依次对适应性测度体系中的指标进行打分（打分表见附录四），打分标准可以通过问卷调查的方式以及深度调研、传承人专访以及专家评估的综合手段，每个指标满分10分。将对应三级指标的分数乘以对应的指标权重后，可以得到各个二级指标的得分总和，考虑到二级指标权重总和存在差异，为了保证实验结果具有可比性，满足理想状态下$\sum B1 = \sum B3$，消除技术性误差，本书对$B1$（0.4083）、$B3$（0.4423）权重作统一口径处理，将两个权重同步放大至1，计算出放大倍数。将每个二级指标的实验结果乘以放大倍数，保证每个二级指标的满分均为10分，使得实验结果具有横向的客观可比性。根据前文计算结果可得：

$$\sum B1' = 2.449 \sum B1$$

$$\sum B3' = 2.261 \sum B3$$

同时，

$$\sum B2' = 6.693 \sum B2$$

决策时，通过比较$\sum B1'$、$\sum B3'$的大小进行判别。本研究通过发放问卷的形式，探究了在非遗保护和发展中，资源和市场要素评分之差超过多少会出现发展失衡的现象。问卷共计发出60份，收回60份，无无效问卷，发放对象为纺织类非遗项目的传承人及从业者、相关专家学者、上下游厂商的负责人等，最终结果显示，以10%的差异幅度为划分标准最受被访者的支持。故拟定以10%的差异幅度为可接受范围，以此判断纺织类非遗项目的适应性等级。

当∑$B1'$的分数较高，∑$B3'$的分数较低时，表示该项非遗项目的资源要素评分较高，而市场要素评分较低，在基于RMP视角的保护体系中，该项目没有很好的打开市场空间，适应市场需求，故以此判断该项目适应性较弱；反之，适应性较强。当∑$B1'$与∑$B3'$的评分差小于1分时，认为适应性比较稳定；当∑$B1'$与∑$B3'$的评分差超过1分时，认为适应性等级发生变化，具体等级划分见表4-32。

表4-32　适应性等级划分表

评价依据	适应性等级	传承状态	对应策略
∑$B1'$－∑$B3'$>1	适应性较弱	保护不力，活化路径	R→P→M
|∑$B1'$－∑$B3'$|<1	适应性均衡	发展健康，惠益扩散	辐射周边
∑$B3'$－∑$B1'$>1	适应性较强	过度开发，再造路径	M→P→R

通过对非遗项目的深度调研，本书选取三个典型的纺织类非遗项目进行实验验证，分别为：苗绣、围场满族民间手工刺绣和裕固族服饰。通过对项目的问卷调查、传承人专访以及专家的综合评估对这三个项目进行实证检验。

1. 苗绣

苗绣是我国贵州苗族自古以来特有的刺绣技艺，于2008年入选第一批国家级非遗项目名录。苗绣技艺种类丰富，纹样众多，凝聚了苗族妇女精妙的智慧和辛勤的付出，展现了苗族地区独特的历史文化。目前对苗绣技艺的保护与传承，已经有了一定的成效，建立了民族服饰博物馆，鼓励更多的人学习和了解苗绣。据传承人刘正花介绍，苗绣的制品包括背包、旗包、衬衫、围巾等，市场的需求充足，目前游客和学习的人虽然很多，但是从技艺的传承和发展来看，还需要更多的人真正投入身心去刻苦钻研，弘扬传统文化和技艺需要更多真正意义上的传承人参与。

2. 围场满族民间手工刺绣

围场满族民间手工刺绣作为河北省第六批省级非遗项目，目前保护和传承工作取得了一定的成绩，所选材料为蚕丝绒和真丝面料等，产品种类丰富，目前第七代传承人李想女士正在积极配合当地政府为留守妇女、在校学生等传授刺绣技艺。虽然不能保证所有人都完全掌握技艺，但是学员学习积极性普遍很高，传统技艺保存前景喜人。该项目作为纺织类非遗项目，产品有着满族人民特有的粗犷和豪放，独具特色，另有很强的实用性和耐磨性，用料环保，受众良好，目前年销售额超过七位数。

3. 裕固族服饰

裕固族服饰作为甘肃张掖一带裕固族文化的重要组成部分，充分展现了裕固族当地精湛的手工技艺和特色的历史文化，在2008年被列入第二批国家级非遗名录。据传承人介绍，在政府的经费支持和助力下，当地开办了每年一期，每期5~6次，培训60~80人的技艺培训班。同时由于传统裕固族服饰多集中于民族性的衣帽产品，市场需求面较窄，目前传承人正在积极开发配饰类、方便携带、更加适应旅游和消费的产品。但是面临有限的需求、激烈的同业竞争和新产品样式的初出，相关销售情况还有待提高，市场竞争、旅游消费等仍需改善。

笔者针对以上三个项目发放问卷，每个项目发放问卷二十份，发放对象为该项非遗的传承人及从业者、相关专家学者、上下游厂商的负责人等，问卷全部收回。对收回问卷的数据进行处理，得到三个项目各个指标的综合得分（表4-33）。

表4-33　三个项目的适应性测度打分表

项目名称		围场满族刺绣	苗绣	裕固族服饰
二级指标	三级指标	打分（满分10分）		
资源要素B1	资源开发价值C1	9	9	8
	资源历史价值C2	8	8	8

项目名称		围场满族刺绣	苗绣	裕固族服饰
二级指标	三级指标	打分（满分10分）		
资源要素B1	资源经济价值C3	8	8	8
	传承人规模C4	9	6	8
	资源实用价值C5	8	7	8
产品要素B2	开发模式C6	8	8	8
	创新方向C7	8	8	8
	创新的外部环境C8	8	7	9
市场要素B3	区域分布差异C9	9	8	8
	区域间市场竞争C10	8	8	6
	社会文化生态的耦合度C11	9	9	8
	适用程度C12	8	9	7
	消费水平意愿C13	8	9	6
	技艺本真程度C14	9	8	8

对打分的结果进行权重的加权和统一口径处理，可以得到表4-34：

表4-34 实证测算综合得分表

项目名称		围场满族刺绣		苗绣		裕固族服饰	
二级指标	三级指标	指标得分	综合得分	指标得分	综合得分	指标得分	综合得分
资源要素B1	资源开发价值C1	0.49365	8.4833	0.49365	7.0970	0.43880	8.1010
	资源历史价值C2	0.27856		0.27856		0.27856	
	资源经济价值C3	0.29912		0.29912		0.29912	
	传承人规模C4	1.28250		0.85500		1.14000	
	资源实用价值C5	1.11016		0.97139		1.11016	
产品要素B2	开发模式C6	0.30432	7.9910	0.30432	7.8960	0.30432	8.0920
	创新方向C7	0.77320		0.77320		0.77320	
	创新的外部环境C8	0.11744		0.10276		0.13212	

纺织类 非物质文化遗产价值评价及分类保护路径研究

项目名称		围场满族刺绣		苗绣		裕固族服饰	
二级指标	三级指标	指标得分	综合得分	指标得分	综合得分	指标得分	综合得分
市场要素 B3	区域分布差异 C9	0.14904	8.3445	0.13248	8.6380	0.13248	6.9170
	区域间市场竞争 C10	0.42952		0.42952		0.32214	
	社会文化生态的耦合度 C11	0.46008		0.46008		0.40896	
	适用程度 C12	0.72544		0.81612		0.63476	
	消费水平意愿 C13	1.12328		1.26369		0.84246	
	技艺本真程度 C14	0.80865		0.71880		0.71880	

通过分析可以发现，三个项目 B2 的评分比较稳定，保持在 8 左右，其他两项指标的比较出现差异。围场满族民间手工刺绣：$|\sum B1'-\sum B3'|=0.1388<1$，适应性相对均衡，表现为各个指标的评分都较高，发展较为全面，应在维持现有的全面综合发展的基础上加强对周边产业的促进作用，加强对社会文化和人民福利的带动，将非遗保护和传承带来的益处扩散出去；苗绣：$\sum B3'-\sum B1'=1.541>1$，保护不力，适应性较弱，表现为传承人规模不足，但产品与市场充分，应把握源头，加强技艺学习与传承的规模，培养更多掌握熟练技艺的传承人，做到传统技艺和文化的真正传承和发展；裕固族服饰：$\sum B1'-\sum B3'=1.184>1$，适应性较强，表现为单一产品的过度开发，市场趋于饱和。

综上研究和实证可见，纺织类非遗按照国家非遗名录的分类主要包括传统手工技艺、传统美术和民俗三大类，但这种分类过于粗糙，类别中的非遗项目彼此差距较大，即使是同一类的非遗项目，像实证中涉及的三类项目，由于其项目在材料来源、技艺特点、传承状况、价值构成等方面差别很大，故而不能使用同一标尺进行保护。社会生态视角下的纺织类非遗保护，应该既要把纺织类非遗置于社会生态系统之内，还应综合纺织类非遗项目资源价值情况和适应性特点进行分类保护。

我国目前还没有明确的纺织类非遗的分类保护路径，本章主要探讨纺织类非遗保护中存在的主要问题，在此基础上结合前述适应性测评结果，从RMP理论新角度提出纺织类非遗保护差异化路径，即保护适应性较弱的非遗项目采用活化路径（R→P→M）、过度开发的非遗项目采用再造路径（M→P→R）、适应性均衡的非遗项目考虑惠益性扩散。

第五章

纺织类非物质文化遗产分类保护路径

第一节　纺织类非遗保护存在的主要问题

传承发展非物质文化遗产是纺织行业弘扬中华优秀传统文化、推动文明交流相鉴、振兴中国传统工艺的重要责任和使命担当，是挖掘纺织服装历史文化源泉、提高纺织文化软实力和增强产业文化自信的重要体现，但目前纺织类非遗保护过程中仍然存在以下几方面问题：

一、传承人面临后继乏人的局面

目前，传承人还面临着很多的困境，缺乏技艺继承的人才，往往导致人亡技绝。截至2022年11月，国家级非物质文化遗产代表性传承人共3057人。其中70岁以上的传承人占比高达71%，百岁以上的传承人超过40位，而50岁以下的传承人仅18人，传承人总体的情况还是令人堪忧。

为了能够最大程度的减少"人亡技绝"这种悲剧的发生，由文化和旅游部组织实施的关于具有代表性的国家级别非物质文化遗产传承人的抢救性记录工作，将争取在2020—2025年能够全面完成该项工作。但是在抢救性记录工作的实施过程中，有些年迈的传承人会离开人世，有些传承人因为年事已高、各种身体原因，没有办法再次展现技艺。此外，由于传承人待遇不是很高，出现了一些传承项目无人愿意学习继承的现象。

作为国家级非遗项目汉绣的传承人，汉绣大师张先松2016年曾在中国非遗传承人群（刺绣）培训班结业仪式上表示，现在愿意学习刺绣的年轻人越来越少了，专业技术人员更是少之又少。张老曾成立工作室免费招收刺绣徒弟，并独自承担材料、制作费用等，但8个徒弟中仅有一名是全职学习，其余只是利用业余时间学习，即使如此，他还是没有找到令其满意的接班人。

国家级非遗项目侗族刺绣坐落于贵州省锦屏县，这里目前还留有古老的习俗：姑娘出嫁要陪嫁一条绣制背带。以前侗族姐妹们从七八岁开始就跟长辈一起学习刺绣手艺，直到技艺成熟需要八年左右的时间。但是目前掌握这门手艺的人越来越少了，老一辈的手艺人逐渐老去，年轻的"80后"和"90后"大多外出打工，使这门珍贵的民间手艺面临逐渐失传的境地。

二、保护不力导致濒危

对于纺织类非遗的保护，需要具体到每一个非遗项目当中去，不能仅仅停留在政策层面，或者是停留在文件中。但是就目前的情况来看，非物质文化遗产的重要地位和作用在很多地方并没有得到足够的重视，在发掘和认定非遗传承人的过程中，还缺乏应有的科学性和客观性；对非遗的认识具有局限性，重申报而轻保护，重数量而轻质量，重开发而轻管理，这些盲目的行为没有保障一些非遗传承人的应得权益，削弱了非遗传承人的积极性，进而导致了看起来价值不大的非遗项目更加的缺乏继承人才，并逐步走向灭亡；现存的传统方式的征集与收藏缺乏快速的信息交流，规范和安全保障还不到位；调查、归档、展览和人员培训等工作力度不足；同时，在非物质文化遗产保护工作的过程中，相关的法律、制度、规范和标准要求还不健全和完善，特别还缺乏更科学的目标管理和考核监督机制。

三、过度开发导致失真

由于城镇化进程的加速，一些地方政府更加注重非遗保护能够获得预期的价值利益回报，那些富有投资价值与回报的非遗项目，地方政府会着重提供便利，增加人力物力的投放，使这种项目迅速扩张，成为地方特色，带动当地旅游业的发展，拉动经济增长。但是，在这种价值观指导下的非遗的保护开发，导致重利益而轻价值，重开发而轻保护，一些地方没有形成非遗保护的概念，只知道一味的申报和开发，却不知道后续的保护与管理的重要性；功利性思想盛行，单纯追求国家级"遗产名录"的称号，对文化遗产大肆开发，以期挤进国家级遗产名录能够带来后期的利益、地方经济的增长。在一些非遗项目中，加入了不符合原生态内涵的"创新性表演"。还有一些地区将本地的宝贵文化遗产作为一个卖点，贴上非常醒目的商标，作为商品出售，以卖出好价钱为目标。这些具有掠夺性、破坏性的做法已经为目前的非遗保护增加了种种障碍。

2016年中国贵州省举办的国际民族文化旅游产品博览会上，一幅名为《金丝猴》的苗绣作品引发了热烈的讨论。这块绣片，综合运用了多种技艺，包括运用西方的构图思维、穿插了双面绣以及苏绣的技艺。有些专家认为这不属于苗族的非物质文化遗产，但是传承人则认为：这是经过技术改良的新型的"苗族非遗"。这件毁誉参半的绣品《金丝猴》，正是非遗保护工作不断深入之后，传承与开发、创新之间相互碰撞的产物。

四、保护适当但缺乏惠益性

非遗的保护，最终的目的不仅在于将这些优秀的非遗项目继续传承下去，也在于顺应时代的发展和社会的进步，在政府及社会各界的保护和帮助下，这些非遗项目能更好地服务大众，给周边地区带来切实的利益。我们认为这种效用为纺织类非遗保护的惠益性。这种惠益性不仅包括金钱的惠益性，更包括非金钱的惠益性。但是时下对非遗保护的有效案例并不少见，真正能实现惠益性的案例却不多见，这就说明在对非遗保护的路上，不仅要做到保护的覆盖范围广，更要注重保护工作的深度和质量。

因此，在设计纺织类非遗分类保护策略时，应该结合时代经济发展，秉承"见人·见物·见生活"的方针，将非遗保护置于社会生态大系统中进行考量，根据非遗价值和适应性测度结果，依据"顺序保护"和"重点开发"的原则，按照项目的"质"进行比较，最终确定合理的保护措施。具体操作中可将适应性测度中评分较高的指标确定为该非遗资源的核心价值点，据此进行深度挖掘，评分较低的剖析原因后侧重保护，评分适中的适度开发的方法进行。

第二节　纺织类非遗分类保护路径

通过前文对纺织类非遗的相关分析，以及非遗价值的评价，依据RMP（资源、市场与产品）理论，对非遗保护路径进行系统和规范的划分，笔者认为纺织类非遗的保护路径主要可以划分为三类：活化路径（R→P→M）、再造路径（M→P→R）和惠益性扩散，每一项非遗项目都可划归到特定的保护路径当中。

一、活化路径

适应性弱的项目适用于活化路径。这一类项目，资源要素B1的评分偏低，市场要素B3的评分偏高，从价值构成来看，这一类项目一般位于GE矩阵中的B区域（见图3–11），具有一定的价值优势，实用性强，但社会认知一般，因此应该走"活化发展"的"开发性保护"之路，也就是使保护与弘扬有机结合，使这些纺织类非遗中的传统历史文化元素在当代社会中重新突出和体现出来，使挖掘、保护非遗文化符号成为时尚文化和大众文化本身的需求，并形成社会氛围，让这些宝贵遗产重新焕发出生机。

纺织类非遗的"活化路径"应结合非遗项目基础价值高及实用性较强的特点，提高其社会认知，可以通过建立与非遗相关的文化产业园区或生态保护区等，包括建立纺织类非遗生态博物馆、与学校合作成立非遗研发中心等实现其"活化发展"。

园区式非遗保护，应由政府倡导，加强与地方相关企业和行业协会合作，建设非遗产业园区或生态保护区，包括诸如展览中心、生态博物馆、研发部门、社区参与体验中心、产品发布中心等综合功能体，集保护、研发、生产、展示、环保、教育、游览等为一体。展览中心、生态博物馆可以向公众生动展示非遗的传统历史和技术工艺流程，彰显非遗的文化艺术魅力，提高纺织类非遗的公众认知和社会认可程度。研发部门致力于非遗价值点的活化，活化于纺织品设计、活化于纺织品和服装生产、活化于纺织企业员工和民众内心，与学校建立研发合作或与企业建立产、学、研一体化研发合作，利于唤起年轻一代的民族意识和民族文化自信，使宝贵的遗产重新焕发出生机。社区参与体验中心致力于汇集民众生产力，利于提高民众的参与积极性，增强其主人翁精神，唤起其对非遗传承和保护的理解性、认同性和主动性。产品发布中心致力于产品推广和宣传，可以建立产品发布基地和产品发布平台，发布传统与时尚融合的纺织服装产品和信息资讯的平台。随着信息时代的发展，大众对新媒体和新业态的适应和喜爱，云展览、云体验、云课堂等也应越来越重视。

二、再造路径

适应性较强的项目适用于再造路径。这类项目存在市场竞争激烈、消费水平意愿不足或技艺本真程度失真等问题。

这类项目一般位于GE矩阵的A区域（图3-11）。对于基础价值和衍生价值都较高的项目，其传承与发展比较均衡，可以进一步加强和完善现有的保护措施，力争实现非遗保护的可持续性。

A区域中，重点应考虑的是基础价值和衍生价值都比较低的项目，这一类项目往往存在市场竞争激烈，过度开发导致破坏等情况，具体表现为因市场定位过于单一，导致同业竞争激烈，生产性项目追求大机器的自动化量产、非天然染料的大量使用等。传承人和从业人员增多，丰富的产品形态不能及时的展示出来，让非遗传承难以为继。或是生产出了更多的产品，但是由于失真导致再难寻找到传统技艺和传统文化的韵味，这也是跟非遗保护的初衷相背离的。

这一类存在过度开发风险的项目，适用再造路径（M→P→R）：即重新定位市场，向利益诉求与传统技艺传承二者相对均衡的方向发展，重新根据健康的市场塑造产品和演绎形式，最终回归非遗项目的精髓，平衡非遗项目基于遗产价值的基础价值与衍生价值。对于生产性项目，根据市场需求的不同，对各类产品形态进行一定程度的量产，但同时也要把传统技艺留存下来，定位不同的产品形态和价格需求，实现均衡发展；对于民族服饰类项目，则应更加注重传播展演与技艺的深度，与现代文明相结合时注意保留传统文化的精髓，避免恶搞、博眼球形式的传播。与相关产业融合发展时，如特色旅游村寨和特色项目建设，要注重各个项目的特色和深度，打造自己民族特有的风格和作品，避免因一味地模仿，降低地区间的文化差异性和旅游带动效应。

三、惠益性扩散

适应性相对均衡的项目适用于惠益性扩散的保护路径。这一类项目各个指标的评分都处于高位，整体的发展和传承工作做的比较出色，大都位于GE矩阵的C区域（图3-11），即在维持原有传承和发展的水平上，注重行业内扩散和跨行业扩散，实现非遗传承的创造性转化和创新性发展。

随着物质条件的丰富，人们的消费需求趋向多样化，消费内涵逐步从"物质"层面升华至"精神"层面。纺织服装消费呈现出后现代的个性化、定制化、独特性、唯一性、差异性的审美趋势，纺织品及服饰文化的后现代性诉求通过穿越现代指向传统，越是传统的东西就越有可能成为时尚的选择。古老传统文化中包含的基因可以激发出时尚创意的灵感，从传统文化中获得灵感，可以使时尚能够脱离轻浮、浅薄的审美趣味，获得历史文化的厚重积淀。无论是精湛秀美的苏绣、精细逼真的湘绣、精致细腻的蜀绣、精美绚丽的粤绣，还是灿若云霞的云锦，色彩鲜艳的蜀锦，历史悠久、绮丽华美的宋锦，还有淳朴自然而又色彩艳丽的少数民族刺绣、织锦、印染、制造工艺，它们"图必有意、意必吉祥"，或高雅繁复，或雍容华贵，或清淡雅致，或古拙艳丽，或粗犷豪放，风格各异，种类繁多，寓意丰厚，具有地道的民族艺术风格、丰富的传统文化特征、深厚的历史文化内涵，这些独特的装饰和美学特质，具有被作为时尚纺织品和服饰设计选择的优势和可能性。

纺织类非遗优质价值点的惠益扩散保护之路包括，行业内惠益扩散，跨行业惠益扩散和社会、社区惠益扩散等。行业内惠益扩散是将优势价值点与纺织和服装行业的设计与生产相结合，通过行业协会的推广和与纺织企业的协作，挖掘纺织类非遗的文化符号、技术内涵和工艺特色，继承传统与研发创新并举，将纺织类非遗运用于现代纺织品的生产和设计中，不断融合传统纺织的民族文化特色，开发出具有民族个性的特色纺织服装、鞋帽、家用纺织品和工艺品等，尤其利用纺织类非遗的传统纺、染、织、绣、印等精湛手工技艺的精细化、个性化优势，打造具有深层的文化意蕴与高超的艺术水准的高端纺织品或奢华装饰品、高级收藏品、特殊纪念品以及奢侈品等。跨行业惠益扩散是将优势价值点与相关行业的发展寻找结合点，挖掘相关性，如旅游业、演艺业、博展业、文创业等，将纺织类非遗的优势价值链接在这些产业和行业的发展过程中，实现双融促进。社会、社区惠益扩散也就是在传承和发展的同时，将纺织类非遗的资源要素、产品要素和市场要素都适度地释放到社会各阶层和社区当中，将非遗发展的福利扩散到民众的社会生活和家庭生活中去，如以工作坊和妇女创业中心等形式带动群众就业，提高人们的收入和生活水平，并从精神和文化上惠益社会。

参考文献

[1] 刘永明. 新时代非物质文化遗产保护方法体系论——以生活性、生产性和生态性保护为中心[J]. 美与时代(上), 2018(4): 7-16.

[2] 纪晓君. 非物质文化遗产价值评估体系研究[D]. 济南: 山东大学, 2014.

[3] 罗微, 高舒. 2016年中国非物质文化遗产保护发展研究报告[J]. 艺术评论, 2017 (4):18-33.

[4] 刘志成. 文化生态学: 背景、构建与价值[J]. 求索, 2016(3):17-21.

[5] 冯天瑜, 何晓明, 周积明. 中华文明史[M]. 上海: 上海人民出版社, 2006.

[6] 司马云杰. 文化价值论[M]. 济南: 山东人民出版社, 1990.

[7] 尚巾斌. 湘西地区土家语濒危的生态语言学研究[D]. 上海: 上海外国语大学, 2018.

[8] STEWARD H J. Theory of Culture Change: The Methodology of Multilinear Evolution[M]. University of Illinois Press, 1955.

[9] FANS R, DUNCAN O D. Social organization and the ecosystem[J]. Handbook of Modem Sociology, 1964.

[10] 汪欣. 非物质文化遗产保护的文化生态论[J]. 民间文化论坛, 2011(1):51-58.

[11] 罗伯特·F. 墨菲. 文化与社会人类学引论[M]. 王卓君, 吕迺基, 译. 北京: 商务印书馆, 1991.

[12] 侯鑫. 基于文化生态学的城市空间理论研究——以天津、青岛、大连为例[D]. 天津: 天津大学, 2004.

[13] 唐家路. 民间艺术的文化生态论[D]. 南京: 东南大学, 2003.

[14] SEGRAVES B A. Ecological generalization and structural transformation of sociocultural systems [J]. American Anthyropologist, 1974, 76(3).

[15] 中国大百科全书部编辑委员会. 中国大百科全书: 社会学卷[M]. 北京: 中国大百科全书出版社, 1991.

[16] 周军. 论文化遗产权[D]. 武汉: 武汉大学, 2011.

[17] 李金昌, 姜文来, 靳乐山, 任勇. 生态价值论[M]. 重庆: 重庆大学出版社, 1999.

[18] 蔡磊. 非物质文化遗产价值特征与保护原则[J]. 理论与改革, 2014(11): 125-127.

[19] DEACON H, DONDOLO L, MRUBATA M, et al. The subtle power of intangible heritage: Legal and financial instruments for safeguarding intangible heritage[C]. HSRC Press, 2004.

[20] 王文章. 非物质文化遗产概论[M]. 北京: 文化艺术出版社, 2006.

[21] 韩基灿. 浅议非物质文化遗产的价值、特点及其意义[J]. 延边大学学报(社会科学版),2007(4): 74-78.

[22] 苑利. 非物质文化遗产普查工作中的遗产价值认定问题[J]. 宁夏社会科学,2008(3): 119-124.

[23] 张鸿雁,于晔. 从赫哲族"乌日贡"大会看非物质文化遗产的价值[J]. 艺术研究, 2008(1):50-51.

[24] 周恬恬. 非物质文化遗产价值评估理论与方法初探[D]. 杭州:浙江大学,2016.

[25] 刘芝凤,和立勇. 弱经济价值非物质文化遗产保护刍议——以福建省非物质文化遗产保护为例[J]. 中国人民大学学报,2018(1): 20-26.

[26] 刘魁立. 非物质文化遗产及其保护的整体性原则[J]. 广西师范学院学报,2004(4): 1-8,19.

[27] 朱祥贵. 非物质文化遗产保护立法的基本原则——生态法范式的视角[J]. 中南民族大学学报(人文社会科学版),2006(2):98-101.

[28] 辛儒,吕静. 论非物质文化遗产经济价值的开发和利用——以河北省为例[J]. 河北经贸大学学报,2009,30(6):85-87.

[29] 缪良云. 拜占廷染织艺术[J]. 苏州大学学报(工科版),2002(3): 45-47.

[30] 辛维金,吴铭. 日本传统染织纹样与其文化内涵[J]. 纺织科技进展,2005(1): 30-32.

[31] 安妮,张瑞萍. 基于服装产业链的西南地区纺织类非遗传承[J]. 丝绸,2016(2): 79-85.

[32] 黄琳. 恩施土家族服饰文化生态研究[D]. 武汉:武汉纺织大学,2018.

[33] 赖凡英. 湘绣溯源及其艺术价值[J]. 艺海,2006(6):100-101.

[34] 周萍,郑高杰. 汴绣题材特征研究[J]. 四川丝绸,2008(1): 2.

[35] 蒋莉. 土家族织锦艺术特征和文化价值的研究[D]. 武汉:湖北工业大学,2010.

[36] 王科. 汴绣艺术研究[D]. 开封:河南大学,2011.

[37] 董馥伊. 论新疆传统织毯图案的艺术特征与价值[J]. 新疆师范大学学报(哲学社会科学版),2011(2):103-108.

[38] 黎亚梅. 浅析香云纱传统染整工艺的技术审美价值[J]. 现代丝绸科学与技术,2013(2):64-66.

[39] 李萍. 百色市非物质文化遗产审美价值开发研究——基于靖西壮族织锦技艺的视角[J]. 百色学院学报,2014(6):90-97.

[40] 杨晓旗,林婷婷. 观赏绣流变及其美学价值[J]. 艺术探索,2014,28(6):90-94,5.

[41] 宋文靓. 庆阳香包刺绣的文化和艺术价值[J]. 雕塑,2014(6):52-53.

[42] 王丹丹. 上苑千花独自香——浅析陕西秦绣的艺术价值[J]. 美术观察,2015(5):128-129.

[43] 吴双. 浅谈马尾绣的艺术价值[J]. 艺术科技,2015(8): 97.

[44] 徐勤.程稦《顾绣》的文献价值[J].上海工艺美术,2015(3):22-25.

[45] 苏晓.探析湘西土家织锦的价值[J].现代装饰(理论),2015(8):182.

[46] 陈莹,吴国玖.诗意栖居:当代中国非物质文化遗产的独特价值及其保护路径研究[J].艺术百家,2016(5):49-53.

[47] 祝敏佳.白族扎染图案的美学价值与艺术特征[J].艺术科技,2016(6):228.

[48] 成荣蕾.水族马尾绣的文化价值与审美艺术[J].艺术研究,2017(1):8-9.

[49] 王任波.论泸溪苗族数纱(挑花)绣的艺术价值[J].南京艺术学院学报(美术设计),2017(5):123-125.

[50] 黄彦可,刘宗明.大布江拼布绣的设计价值及传承开发策略[J].湖南包装,2018(1):51-56,64.

[51] SANTANAS S B, PENA A C , PEREZ CHACON E E. Assessing physical accessibility conditions to tourist attractions. The case of Maspalomas Costa Canaria urban area(Gran Canaria, Spain)[J]. Appl. Geogr., 2020(125).

[52] CHARLES H S, BRUCE E L. Economic impacts of a heritage tourism system [J]. Consumer Service, 2001(8).

[53] MAZZANTI M. Cultural heritage as multi-dimensional, multi-value and multi-attribute economic good: toward a new framework for economic analysis and valuation[J]. Journal of Socio-Economics, 2002,31(5).

[54] 戴维·思罗斯比.经济学与文化[M].王志标,张峥嵘,译.北京:中国人民大学出版社,2011.

[55] MIHAELA F, et al. Cultural heritage evaluation: a reappraisal of some critical concepts involved[J]. Theoretical and Applied Economics, 2012.

[56] BARRIO M J D, DEVESA M, HERRERO L C. Evaluating intangible cultural heritage: The case of cultural festivals[J].City Cultural & Society, 2012, 3(4).

[57] 许抄军.历史文化古城游憩利用及非利用价值评估方法与案例研究[D].长沙:湖南大学,2004.

[58] 张祖群.大遗址的文化价值、经济价值分异探讨——汉长安城案例[J].北京理工大学学报(社会科学版),2006(1):22-25.

[59] 谭超.应用CVM方法评估工业遗产的非使用价值——以北京焦化厂遗址为例[J].内蒙古师范大学学报(自然科学汉文版),2009(3):323-328.

[60] 但文红,张聪.文化遗产对地方经济发展贡献研究——以遵义会议纪念馆经济价值评估为例[J].贵州师范大学学报(自然科学版),2009(3):57-60.

[61] 王文章.非物质文化遗产概论[M].北京:教育科学出版社,2008.

[62] 郑乐丹.非物质文化遗产资源价值评价指标体系构建研究[J].文化遗产,2010(1):

6—10, 85.

[63] 苏卉. 非物质文化遗产旅游价值的多层次灰色评估[J]. 北京第二外国语学院学报,
    2010(9): 72—77.

[64] 周恬恬. 非物质文化遗产价值评估理论与方法初探[D]. 杭州: 浙江大学, 2016.

[65] 乔京禄, 彭晓燕. 南通蓝印花布在现代设计中的应用探讨[J]. 染整技术, 2017(7):
    68—77.

[66] 韩天艺. 非物质文化遗产价值评估模型研究——以京绣、毛猴为例[D]. 北京: 首都经
    济贸易大学, 2017.

[67] 郭家骥. 云南少数民族的生态文化与可持续发展[J]. 云南社会科学, 2001(4): 51—56.

[68] HOWARD P. The Eco-museum: innovation that risks the future[J]. International
    Journal of Heritage Studies, 2002, 8(1).

[69] 孙兆刚. 论文化生态系统[J]. 系统辩证学学报, 2003(3): 100—103.

[70] GEY F, SHAW R J, LARSON R, et al. Marking up cultural materials for time and
    geography[C]. Proceedings of the Workshop on Information Access to Cultural
    Heritage, Aarhus, Denmark, 2008.

[71] 戚序, 王海明. 对非物质文化遗产传承人生存环境的思考——以重庆铜梁扎龙世家
    为例[J]. 西南大学学报(社会科学版), 2011(3): 111—116.

[72] COMINELLI F, GREFFE X. Intangible cultural heritage: Safeguarding for creativity [J].
    City Culture & Society, 2012, 3(4).

[73] KARAVIA D, GEORGOPOULOS A. Placing Intangible Cultural Heritage[C]. Digital
    Heritage International Congress (Digital Heritage), IEEE, 2013.

[74] 刘智英, 马知遥. 2016年非物质文化遗产学术研究述评[J]. 贵州大学学报(艺术版),
    2017(2): 61—68.

[75] 庄春辉. 阿坝州藏羌文化生态保护利用的价值及对策[J]. 西藏艺术研究, 2010(3):
    62—72.

[76] BAKAR A A, OSMAN M M, BACHOK S, et al. Analysis on Community Involvement
    Level in Intangible Cultural Heritage: Malacca Cultural Community [J]. Procedia-
    Social and Behavioral Sciences, 2014: 153.

[77] 范雨涛, 吴永强. 新城镇化背景下羌族原生态村镇可持续发展研究[J]. 生态经济,
    2014(3): 47—51.

[78] 刘玉宝, 邱昭元. 赣南传统村落文化的生态价值[J]. 文化创新比较研究, 2017(7):
    23—24.

[79] 张燚枝. 昆曲艺术的歌舞结合形式的发展与流变[J]. 当代音乐, 2016(18): 70—71.

[80] 邵文东. 海南黎族传统村落、织锦和民谣文化的审美价值[J]. 新东方, 2009(10): 38—40.

[81] 鞠斐. 论羌族民艺地域性设计的人文价值[J]. 美术大观, 2009(6): 216–217.

[82] 郜凯, 韩会庆, 郜红娟. 文化生态学视野下的贵州传统蜡染艺术的形成与演变[J]. 贵州大学学报(艺术版), 2010(1): 91–95.

[83] LEES E. Intangible Cultural Heritage in a Modernizing Bhutan: The Question of Remaining Viable and Dynamic [J]. International Journal of Cultural Property, 2011, 18(2).

[84] 张建世. 黔东南苗族传统银饰工艺变迁及成因分析——以贵州台江塘龙寨、雷山控拜村为例[J]. 民族研究, 2011(1): 42–50, 109.

[85] 王金玲. 布依族服饰民俗中的文化生态[J]. 贵州民族大学学报(哲学社会科学版), 2014(2): 13–16.

[86] 常艳. 黎族传统织锦的文化价值及现代传承[J]. 贵州民族研究, 2016(8): 71–74.

[87] 李尚书, 石珮锦, 杨婷, 梁列峰. 白族扎染技艺的特点、价值与传承[J]. 武汉纺织大学学报, 2017(5): 16–21.

[88] 施晓凤. 潮绣图案艺术风格研究[D]. 广州: 广东工业大学, 2017.

[89] 田米香. 文化生态学视域下广西毛南族文化的生态问题及对策[J]. 河池学院学报, 2018(1): 46–51.

[90] 周和平. 在闽南文化生态保护工作研讨会上的讲话[J]. 中国非物质文化遗产, 2007(2).

[91] 刘永明. 新时代非物质文化遗产保护方法体系论——以生活性、生产性和生态性保护为中心[J]. 美与时代(上), 2018(4): 7–16.

[92] 巴莫曲布嫫, 张玲. 联合国教科文组织:《保护非物质文化遗产伦理原则》[J]. 民族文学研究, 2016(3): 5–6.

[93] 方李莉. 文化生态失衡问题的提出[J]. 北京大学学报(哲学社会科学版), 2001(3): 105–113.

[94] 李红杰. 尊重民族文化多样性与维护自然生态平衡的辩证关系[J]. 中南民族学院学报(人文社会科学版), 2003(2): 48–54.

[95] NETTLEFORD R. Migration, transmission and maintenance of the intangible heritage[J]. Museum International, 2004, 56.

[96] RUGGLES D F, SILVERMAN H. From tangible to intangible heritage[J]. Intangible heritage embodied, 2009.

[97] 张博. 非物质文化遗产的文化空间保护[J]. 青海社会科学, 2007(1): 33–36, 41.

[98] JANG S G. The agriculture heritage, heritage tourism, and ecomuseum-A study on application of ecomuseum or linking agriculture heritage to regional revitalization[J]. Journal of Agricultural Extension & Community Development, 2013,20(4).

[99] 戴其文, 刘俊杰, 吴玉鸣, 等. 基于区域视角探讨广西非物质文化遗产的保护[J]. 资

源科学, 2013(5): 1104-1112.

[100] 王军. 文化传承与教育选择——中国少数民族高等教育的人类学透视 [M]. 北京: 民族出版社, 2002.

[101] 陈勤建. 保护非物质文化遗产要防止文化碎片式的保护性撕裂 [N]. 文艺报, 2006-03-07.

[102] 张诗亚. 回归位育——教育行思录 [M]. 重庆: 西南师范大学出版社, 2009.

[103] 朱以青. 基于民众日常生活需求的非物质文化遗产生产性保护——以手工技艺类非物质文化遗产保护为中心 [J]. 民俗研究, 2013(1): 19-24.

[104] 王媛. 现代性语境下: 非物质文化遗产的生活性保护 [J]. 中国文化产业评论, 2013(2): 268-276.

[105] 陈华文. 论非物质文化遗产生产性保护的几个问题 [J]. 广西民族大学学报(哲学社会科学版), 2010(5): 87-91.

[106] SEDITA S R. Leveraging the intangible cultural heritage: Novelty and innovation through expatiation City[J]. Culture & Society, 2012, 3(4).

[107] 张荣天, 管晶. 非物质文化遗产旅游开发模式及可持续发展策略研究——以皖南地区为例 [J]. 遗产与保护研究, 2017(4): 37-41.

[108] 郑璐琳. 文化生态保护区价值评估与保护格局研究 [D]. 南京: 东南大学, 2017.

[109] HOWARD P. The Eco-museum: innovation that risks the future[J]. International Journal of Heritage Studies, 2002,8(1).

[110] 苏东海. 国际生态博物馆运动述略及中国的实践 [J]. 中国博物馆, 2001(2): 2-7.

[111] 周真刚. 试论生态博物馆的社会功能及其在中国梭嘎的实践 [J]. 贵州民族研究, 2002(4): 42-48.

[112] YU Y, LIU J. Progress of study on eco-museum and the influence on the concept of conservation of cultural heritage[J]. Architectural Journal, 2006,8.

[113] DAWSON Munjeri. The reunification of a national symbol[J]. Museum International, 2009(61).

[114] 叶鹏. 基于文化与科技融合的我国非物质文化遗产保护机制及实现研究 [D]. 武汉: 武汉大学, 2014.

[115] 赵艳喜. 论非物质文化遗产的整体性保护理念 [J]. 贵州民族研究, 2009(6): 49-53.

[116] 刘晓春. 非物质文化遗产传承人的若干理论与实践问题 [J]. 思想战线, 2012(6): 53-60.

[117] 孙晓霞. 民间社会与非物质文化遗产保护 [J]. 民族艺术, 2007(1): 22-25, 92.

[118] JANET BLAKE. On Defining the Cultural Heritage[J]. The International and Comparative Law Quarterly, 2000(49).

[119] LENZERIN F. Intangible Cultural Heritage: The Living Culture of Peoples [J]. European Journal of International Law, 2011, 22(l).

[120] 王隽, 张艳国. 论地方政府在非物质文化遗产保护利用中的角色定位——以江西省域为个案的分析[J]. 江汉论坛, 2013(10): 115-121.

[121] 王明月. 传统手工艺的文化生态保护与手艺人的身份实践——基于黔中布依族蜡染的讨论[J]. 民俗研究, 2018(2): 150-156, 160.

[122] 冯晓青. 非物质文化遗产与知识产权保护[J]. 知识产权, 2010(3): 15-23.

[123] KIM H E. Changing Climate, Changing Culture: Adding the Climate Change Dimension to the Protection of Intangible Cultural Heritage [J]. International Journal of Cultural Property, 2011, 18(3).

[124] 黄永林, 谈国新. 中国非物质文化遗产数字化保护与开发研究[J]. 华中师范大学学报(人文社会科学版), 2012(2): 49-55.

[125] 联合国教育、科学及文化组织保护世界文化遗产和自然遗产政府间委员会. 实施世界遗产公约的操作指南[M]. 杨爱英, 王毅, 刘霖雨, 译. 北京: 文物出版社, 2014.

[126] 文化部外联局. 联合国教科文组织保护世界文化公约选编[M]. 北京: 法律出版社, 2006.

[127] 杨亮, 张纪群. 非物质文化遗产的价值及价值结构问题——中国非物质文化遗产研究的方法思考[J]. 理论导刊, 2017(8):89-92.

[128] 李明. 生态文明中商品的生态价值研究[D]. 长沙: 湖南大学, 2011.

[129] 杨飞. 南通色织土布的传承与可持续发展研究[D]. 苏州: 苏州大学, 2012.

[130] 张抒. 中国几何图形装饰[M]. 南宁: 广西美术出版社, 2002.

[131] 田小雨. 土家织锦的现代价值及其保护与传承[J]. 民族论坛, 2009(5): 52-53.

[132] 施晓凤. 潮绣图案艺术风格研究[D]. 广州: 广东工业大学, 2017.

[133] 张超, 朱晓君, 果霖, 徐人平. 水族马尾绣在当代社会中的价值转变[J]. 贵州大学学报(艺术版), 2015(2): 120-124.

[134] 宋金良. 广西民族织锦的艺术特点[J]. 南京艺术学院学报(美术与设计版), 1980(2): 136-142.

[135] 鞠斐. 论羌族民艺地域性设计的人文价值[J]. 美术大观, 2009(6): 216-217.

[136] 任雪玲, 葛玉珍. 鲁锦的艺术特色及基础纹样解析[J]. 丝绸, 2009(6): 45-48.

[137] 党春直. 中原民间工艺美术[M]. 郑州: 河南人民出版社, 2006.

[138] 朱亮亮. 繁针乱绣之华美——浅析国礼乱针绣的艺术价值[J]. 艺术市场, 2007(10): 112-113.

[139] 城一夫. 色彩史话[M]. 亚健, 徐漠, 译. 杭州: 浙江人民美术出版社, 1990.

[140] 尹红. 广西融水苗族服饰的文化生态研究[D]. 杭州: 中国美术学院, 2011.

[141] 袁爱莉. 源于自然审美的哈尼族服饰生态文化[J]. 云南民族大学学报(哲学社会科学版), 2011(3): 56−59.

[142] 王小琴. 谈羌绣的亲和之美与价值转换[J]. 长春教育学院学报, 2013(17): 52−53.

[143] 李萍. 百色市非物质文化遗产审美价值开发研究——基于靖西壮族织锦技艺的视角[J]. 百色学院学报, 2014(6): 90−97.

[144] 郭竞. 试论文化生态视野下的非物质文化遗产保护——以乌泥泾手工棉纺织技艺为例[D]. 上海: 华东师范大学, 2009.

[145] 谢中元. 非遗传承主体存续的文化社会基础——对佛山醒狮习俗的历史考察[J]. 湖北民族大学学报(哲学社会科学版), 2020(1): 133−142.

[146] 黄岩. 国家认同——民族发展政治的目标建构[M]. 北京: 民族出版社, 2011.

[147] 丁天, 顾森毅. 沈绣的艺术成就与传承价值[J]. 南通大学学报(社会科学版), 2016(6): 136−140.

[148] 王德刚, 田芸. 旅游化生存: 非物质文化遗产的现代生存模式[J]. 北京第二外国语学院学报, 2010(1): 16−21.

[149] 纪晓君. 非物质文化遗产价值评估体系研究[D]. 济南: 山东大学, 2014.

[150] 罗微, 高舒. 2016年中国非物质文化遗产保护发展研究报告[J]. 艺术评论, 2017(4): 18−33.

[151] 罗微, 高舒, 韩泽华. 2015年度中国非物质文化遗产保护发展研究报告[J]. 艺术评论, 2016(10): 84−92.

[152] 罗微, 吴昊, 韩泽华. 2014年度中国非物质文化遗产保护发展研究报告[J]. 艺术评论, 2015(4): 32−41.

[153] 陈晓冬. 手工技艺类非物质文化遗产价值评估研究——以高密聂家庄泥塑为例[D]. 天津: 天津财经大学, 2016.

[154] 葛磊. 多重价值的实现: 论手工技艺类非物质文化遗产的保护与开发[J]. 东方艺术, 2014(S2): 98−99.

[155] 张广宇. 浅探手工技艺类非物质文化遗产经济价值开发模式[J]. 中国外资, 2013(2): 214, 216.

[156] 何颖川. 民间非物质文化遗产价值及实现方式——以塘坊乡木偶戏为例[J]. 武汉商学院学报, 2018(4): 19−21.

[157] 韩天艺. 非物质文化遗产价值评估模型研究——以京绣、毛猴为例[D]. 北京: 首都经济贸易大学, 2017.

[158] 周恬恬. 非物质文化遗产价值评估理论与方法初探[D]. 杭州: 浙江大学, 2016.

[159] 张惠. 我国近年来非物质文化遗产价值研究综述[J]. 红河学院学报, 2015(4): 56−59.

[160] 蔡磊. 非物质文化遗产价值特征与保护原则[J]. 理论与改革, 2014(5): 125−127.

[161] 王水维, 许苏明. 非物质文化遗产价值生成机制研究[J]. 艺术百家, 2014(5): 183−187.

[162] 尹华光, 彭小舟. 非物质文化遗产价值评估研究[J]. 中国集体经济, 2013(1): 124−126.

[163] 彭林绪. 非物质文化遗产价值初探[J]. 湖北民族学院学报(哲学社会科学版), 2007(6): 64−68.

[164] 罗戎平. 创新性发展中的非物质文化遗产保护研究[J]. 镇江高专学报, 2019(1): 114−116.

[165] 黄永林, 纪明明. 论非物质文化遗产资源在文化产业中的创造性转化和创新性发展[J]. 华中师范大学学报(人文社会科学版), 2018(3): 72−80.

[166] 郑重. 非物质文化遗产开发的误区及其矫正——以重塑可持续发展观为视角[J]. 西南民族大学学报(人文社会科学版), 2014(3): 99−104.

[167] 苏卉, 占绍文. 文化遗产资源的价值认知及其变迁[J]. 中国文化产业评论, 2015(2): 13.

[168] 陶金, 张莎玮. 国内文化遗产价值的定量和定价评估方法研究综述[J]. 南方建筑, 2014(4): 96−101.

[169] 张红亮. 非遗生态环境与经济发展关系[J]. 牡丹江教育学院学报, 2014(8): 131−132.

[170] 姜兆一. 非物质文化遗产保护: 形式选择、传承效能与保护绩效的关系研究[D]. 天津: 天津财经大学, 2012.

[171] 李技文. 非物质文化遗产的分类保护传承研究述评[J]. 三峡论坛(三峡文学·理论版), 2016(4): 87−97.

[172] 陆勇昌. 贵州非物质文化遗产分类保护研究[J]. 贵州民族研究, 2015(8): 55−59.

[173] 肖宇窗, 戚春惠. 论安徽非物质文化遗产的分类保护[J]. 美术教育研究, 2014(5): 40−41.

[174] 王运. 非物质文化遗产的价值评估[J]. 特区经济, 2013(7): 229−230.

[175] 牟宇鹏, 郭旻瑞, 司小雨, 等. 基于中国非遗品牌可持续性成长路径的案例研究[J]. 管理学报, 2020(1): 20−32.

[176] 易玲, 肖樟琪, 许沁怡. 我国非物质文化遗产保护30年: 成就、问题、启示[J]. 行政管理改革, 2021(11): 65−73.

[177] 萧放, 周茜茜. 文旅融合视阈下节日类非遗传承与非遗资源的开掘利用[J]. 广西民族大学学报(哲学社会科学版), 2021(6): 52−57.

[178] 谭萌. 公共生活视域中非物质文化遗产发展与乡村振兴的耦合机制——基于"撒叶儿嗬"个案的讨论[J]. 西北民族研究, 2021(4): 110−123.

[179] 苏俊杰. 文化遗产旅游中的真实性概念: 从分离到互动[J]. 西南民族大学学报(人文社会科学版), 2021(11): 44−51.

[180] 刘志宏. 中国传统村落世界文化遗产价值评估研究[J]. 西南民族大学学报(人文社会科学版), 2021(11): 52−58.

[181] 王美诗. 非物质文化遗产展的定义、分类及价值追求[J]. 东南文化, 2021(5): 19-24.

[182] 金苗. 国际传播中的大运河文化带建设: 定位、路径与策略[J]. 未来传播, 2021(5): 54-63.

[183] 仇园园. 参与式传播视角下中国国家形象的国际传播[J]. 中国出版, 2021(20): 45-49.

[184] 刘晓春, 乌日乌特. 呼伦贝尔地区非物质文化遗产保护和传承的调查研究[J]. 民族研究, 2021(5): 52-66, 140-141.

[185] 刘朝晖. 谁的遗产?商业化、生活态与非遗保护的专属权困境[J]. 文化遗产, 2021(5): 9-16.

[186] 汤洋. 赫哲族非物质文化遗产的创造性转化和创新性发展[J]. 黑龙江民族丛刊, 2021(2): 115-121.

[187] 谭萌. 从异化到复归: 财产视角下传统文化的当代变迁逻辑[J]. 云南民族大学学报(哲学社会科学版), 2021(5): 35-44.

[188] 姚莉, 田兆元. 基于民俗叙事路径的"认同性经济"建构——以传统手工技艺类非遗侗族刺绣为研究对象[J]. 贵州民族研究, 2021(4): 88-97.

[189] 刘雯萱, 杜文静. 非遗艺术在景观设计中的运用[J]. 环境工程, 2021(6): 248.

[190] 聂洪涛, 韩欣悦. 数字化传播视域下非物质文化遗产影像记录与有效活用研究[J]. 广西社会科学, 2021(5): 149-154.

[191] 李志春, 张路得, 包长江. 内蒙古非遗文化衍生产品开发的设计路径、方法及应用研究[J]. 原生态民族文化学刊, 2021(2): 84-97, 155.

[192] 樊坤, 袁丽. 民间传统舞龙舞狮非遗现状分析与传承发展研究[J]. 广州体育学院学报, 2021(1): 45-47, 73.

[193] 张兆林. 传统美术类非物质文化遗产项目生产标准探微[J]. 文化遗产, 2020(6): 20-28.

[194] 刘倩. 非物质文化遗产融入思想政治教育的价值与路径[J]. 学校党建与思想教育, 2020(20): 91-93.

[195] 潘彬彬. 当代我国生态博物馆非遗保护与传承工作刍议[J]. 文物鉴定与鉴赏, 2020(18): 116-118.

[196] 张雷. 基于生态博物馆理念的荆楚纺织类非物质文化遗产保护研究[J]. 服饰导刊, 2020(4): 28-33.

[197] 史会荣, 罗国锦. 大数据背景下苗族文化开发利用的实证研究——以毕节市苗族为例[J]. 贵州民族研究, 2020(7): 101-105.

[198] 张迪. 服饰类非遗的生产性保护——以上海民族品牌服饰为例[J]. 南京艺术学院学报(美术与设计), 2020(4): 163-168.

[199] 陈波, 赵润. 中国城市非遗传承场景评价指标体系构建与实证[J]. 华中师范大学学报(人文社会科学版), 2020(4): 78-86.

[200] 郝志刚, 李娟. 海洋强国建设背景下海洋非物质文化遗产价值体系构建[J]. 齐鲁学刊, 2020(3): 91−98.

[201] 靳璨, 梁惠娥. 江苏传统服饰手工技艺的价值认同路径研究——从 "生产性保护" 到 "生活化传承" [J]. 艺术百家, 2020(3): 77−81, 89.

[202] 王长松, 张然. 文化遗产阐释体系研究——以北京明长城为评价案例[J]. 首都师范大学学报(社会科学版), 2020(1): 139−149.

[203] SALERNO E. Identifying Value-Increasing Actions for Cultural Heritage Assets through Sensitivity Analysis of Multicriteria Evaluation Results [J]. Sustainability, 2020(12).

附 录

附录一

问卷一：纺织类非物质文化遗产价值及其构成调查问卷

您好：

本调研是针对纺织类非遗的价值及其构成要素进行的基础研究，请您在填写第26题时对选中因素的重要性进行相应的打分。非常感谢您对纺织类非遗的保护与传承研究的支持与配合！

1. 您的所在地：[单选题] *

○安徽　　○北京　　○重庆　　○福建　　○甘肃　　○广东　　○广西

○贵州　　○海南　　○河北　　○黑龙江　○河南　　○香港　　○湖北

○湖南　　○江苏　　○江西　　○吉林　　○辽宁　　○澳门　　○内蒙古

○宁夏　　○青海　　○山东　　○上海　　○山西　　○陕西　　○四川

○台湾　　○天津　　○新疆　　○西藏　　○云南　　○浙江　　○海外

2. 您的年龄：[单选题] *

○18岁以下　　　　○18~25岁　　　　○26~30岁　　　　○31~40岁

○41~50岁　　　　○51~60岁　　　　○60岁以上

3. 您的性别：[单选题] *

○男　　　　　　○女

4. 您是否了解织、染、绣和民族服饰等纺织类非物质文化遗产（简称纺织类非遗）？[单选题] *

○是　　　　　　○否

5. 您目前从事的行业：[单选题] *

○全日制学生　　　　　　　　　　　○电子技术/半导体/集成电路

○IT/软硬件服务/电子商务/因特网运营　○仪器仪表/工业自动化

○快速消费品（食品/饮料/化妆品）　　○贸易/进出口

○批发/零售　　　　　　　　　　　○机械/设备/重工

○服装/纺织/皮革　　　　　　　　　○制药/生物工程/医疗设备/器械

○家具/工艺品/玩具　　　　　　　　○医疗/护理/保健/卫生

○教育/培训/科研/院校　　　　　　○广告/公关/媒体/艺术

○家电　　　　　　　　　　　　　　○出版/印刷/包装

○通信/电信运营/网络设备/增值服务　○房地产开发/建筑工程/装潢/设计

○制造业　　　　　　　　　　　　　○物业管理/商业中心

○汽车及零配件　　　　　　　　　　○中介/咨询/猎头/认证

○餐饮/娱乐/旅游/酒店/生活服务　　○交通/运输/物流

○办公用品及设备　　　　　　　　　○航天/航空/能源/化工

○会计/审计　　　　　　　　　　　○农业/渔业/林业

○法律　　　　　　　　　　　　　　○其他行业

○银行/保险/证券/投资银行/风险基金

6.您是否为传承人或与非遗相关的从业人员？[矩阵单选题] *

	传承人	纺织行业从业人员	非遗相关行业从业人员	政府工作人员	非遗研究者	其他	非相关从业人员
职业							

7. 织、染、绣和民族服饰等是我国丰富的纺织类非遗资源，这些纺织类非遗蕴含多元化的价值，请您对以下价值构成内涵的重要性进行评价。[矩阵量表题] *

	很不重要	较不重要	一般	较重要	很重要
实用价值					
历史价值					

	很不重要	较不重要	一般	较重要	很重要
艺术价值					
科技价值					
精神价值					
社会价值					
经济价值					

8. 我国的纺织类非遗项目资源丰富，很多可穿、可用、可铺、可盖，请问您觉得在评价纺织类非遗在现实生活中的"实用价值"时，以下衡量指标的重要程度如何？[矩阵量表题] *

	几乎没关系	关系不大	一般	有一定关系	有较强关系
耐用性					
舒适性					
使用广泛性					
适用人群					
可回收性					

9. 您觉得织、染、绣等纺织类非遗产品在现实生活中的实用价值如何？[矩阵量表题] *

	很低	较低	一般	较高	很高
实用价值的高低					

10. 在纺织类非遗包含的历史信息中，您觉得以下哪些是与衡量"历史价值"有关的要素，其重要程度如何？[矩阵量表题] *

	很不重要	不重要	一般	重要	非常重要
社会制度和宗教信仰					
生活方式和生产技术					

	很不重要	不重要	一般	重要	非常重要
历史事件和人物					
民风民俗					
民族和地域特征					
起源和传说					

11. 请问您觉得在评价纺织类非遗"历史价值"时，以下有关指标的重要程度如何？[矩阵量表题] *

	很不重要	不重要	一般	重要	很重要
濒危度					
影响度					
久远度					
稀缺度					

12. 请问您觉得织、染、绣和民族服饰等纺织类非遗的"审美价值"主要体现在以下哪几个方面？[矩阵量表题] *

	很不重要	不重要	一般	重要	很重要
工艺					
构图					
色彩					
款式					

13. 请问您觉得在评价纺织类非遗"审美价值"时，以下有关指标的重要程度如何？[矩阵量表题] *

	很不重要	不重要	一般	重要	很重要
感染力					
解释力					
吸引力					

14. 您觉得纺织类非遗所蕴含的"民族文化价值"应该包含以下哪些方面？[矩阵量表题] *

	很不重要	不重要	一般	重要	很重要
象征力					
文化符号丰富性					
地域风格和特征强度					
风俗礼仪相关性					

15. 请问您觉得在评价纺织类非遗"民族文化价值"时，以下有关指标的重要程度如何？[矩阵量表题] *

	很不重要	不重要	一般	重要	很重要
典型性					
保持度					

16. 我国纺织类非遗具有独特的传统"科技价值"，请问您觉得在以下有关纺织类非遗"科技价值"的指标中，各要素的重要程度如何？[矩阵量表题] *

	很不重要	不重要	一般	重要	很重要
纺织工具					
技术工艺					
技术流程					
原材料和染料					

17. 纺织类非遗蕴含了丰富的"精神价值"，请问您觉得在以下纺织类非遗"精神价值"的指标中，各要素的重要程度如何？[矩阵量表题] *

	很不重要	不重要	一般	重要	很重要
民族认同感和归属感					
宗教信仰					
礼仪教化					
情感表达					
心理和品格特征					

附录

18. 纺织类非遗有促进社会和谐的作用，请问您觉得在评价纺织类非遗"社会和谐价值"时，以下衡量指标的重要程度如何？[矩阵量表题] *

	很不重要	不重要	一般	重要	很重要
促进社会和谐稳定					
国家认同作用					
文化交流代表性					

19. 请问您觉得在评价纺织类非遗所具有的"教育价值"时，以下教育内容的重要程度如何？[矩阵量表题] *

	很不重要	不重要	一般	重要	很重要
科技知识的普及教育					
技能教育					
文化认同教育					

20. 您觉得在纺织类非遗的"研究价值"的构成要素中，应该包括以下哪些方面？[矩阵量表题] *

	很不重要	不重要	一般	重要	很重要
技术工艺					
工具器具					
原材料					
图案纹样					
精神思想					
生活习俗					

21. 请问您觉得在评价纺织类非遗"研究价值"时，以下指标的重要程度如何？[矩阵量表题] *

	很不重要	不重要	一般	重要	很重要
原生态程度					
优秀度					
濒危性					

	很不重要	不重要	一般	重要	很重要
不可替代性					

22. 纺织类非遗的产品可以在市场上销售,请问您觉得衡量该产品"经济价值"的指标可以包括以下哪些方面? [矩阵量表题] *

	很不重要	不重要	一般	重要	很重要
产权价值					
产品附加值					
带动就业					
拉动消费					

23. 您是否赞同对纺织类非遗实施标准化生产和产业化开发? [矩阵量表题] *

	坚决反对	不可以	无所谓	可以	非常赞同
我的态度是					

24. 若将纺织类非遗的文化资源转化为服务资源,您觉得其与以下产业的关联性如何? [矩阵量表题] *

	几乎没关系	关系较小	一般	有一定关系	关系紧密
旅游业					
博展业					
演艺业					

25. 您觉得在评价纺织类非遗在旅游、演艺等领域产生的"服务价值"高低时,主要可以考虑以下哪几个方面的因素? [矩阵量表题] *

	很不重要	不重要	一般	重要	很重要
与相关产业的关联度					
开发渠道的丰富性					
竞争力					
开发适应性					

26. 请您结合以下价值因子，对现在纺织类非遗进行价值高低的评价。[矩阵量表题] *

价值级别	很低	低	中等	高	很高
价值分值	0~20	20~40	40~60	60~80	80~100
耐用性					
舒适性					
使用广泛性					
适用人群					
可回收性					
社会制度和宗教信仰					
生活方式和生产技术					
历史事件和人物					
民风民俗					
民族和地域特征					
起源和传说					
濒危度					
影响度					
久远度					
稀缺度					
工艺					
构图					
色彩					
款式					
感染力					
解释力					
吸引力					
象征力					
文化符号丰富性					

价值级别	很低	低	中等	高	很高
价值分值	0~20	20~40	40~60	60~80	80~100
地域风格和特征强度					
风俗礼仪相关性					
典型性					
保持度					
纺织工具					
技术工艺					
技术流程					
原材料和染料					
民族认同感和归属感					
宗教信仰					
礼仪教化					
情感表达					
心理和品格特征					
促进社会和谐稳定					
国家认同作用					
文化交流代表性					
科技知识的普及教育					
技能教育					
文化认同教育					
原生态程度					
优秀度					
濒危性					
不可替代性					
产权价值					
产品附加值					

附录

价值级别	很低	低	中等	高	很高
价值分值	0~20	20~40	40~60	60~80	80~100
带动就业					
拉动消费					
与相关产业的关联度					
开发渠道的丰富性					
竞争力					
开发适应性					

27. 请您对应如何提高纺织类非遗在现实生活中的价值，给出自己宝贵的建议，谢谢！［主观题］*

_____

纺织类 非物质文化遗产价值评价及分类保护路径研究

附录二

问卷二：非物质文化遗产适应性测度指标间相互影响关系调查问卷

亲爱的受访者：

您好！非常感谢您抽出时间填写这份调查问卷，这是基于RMP理论（Resource资源、Market市场、Product产品）的非物质文化遗产适应性保护测度的问卷，旨在找到RMP视角下适应性测度的评价指标之间相互影响关系。您的问卷调查结果将增加本研究的科学性，请您在填写问卷之前麻烦先参考以下说明：

资源要素B1：资源开发价值C1；资源历史价值C2；资源经济价值C3；传承人规模C4；资源实用价值C5；

产品要素B2：开发模式C6；创新方向C7；创新的外部环境C8；

市场要素B3：区域分布差异C9；区域间市场竞争C10；社会文化生态的耦合度C11；适用程度C12；消费水平意愿C13；技艺本真程度C14

填写范例：

例：您认为对资源开发价值有影响的指标包括：<u>C2，C3，C6，C10</u>。（非标准答案）

C1；C2；C3；C4；C5；C6；C7；C8；C9；C10；C11；C12；C13；C14

解释：这里认为资源历史价值C2、资源经济价值C3、开发模式C6、区域间市场竞争C10四个指标对资源开发价值C1有相互影响，即答案为：<u>C2，C3，C6，C10</u>。

请依次参看并比较C1至C14指标间的相互关系，完成以下问卷（共14题）：

1. 对资源开发价值C1有影响的指标包括：＿＿＿＿＿＿＿＿＿＿

C1；C2；C3；C4；C5；C6；C7；C8；C9；C10；C11；C12；C13；C14

2. 对资源历史价值C2有影响的指标包括：＿＿＿＿＿＿＿＿＿＿＿＿＿＿

C1；C2；C3；C4；C5；C6；C7；C8；C9；C10；C11；C12；C13；C14

3. 对资源经济价值C3有影响的指标包括：＿＿＿＿＿＿＿＿＿＿＿＿＿＿

C1；C2；C3；C4；C5；C6；C7；C8；C9；C10；C11；C12；C13；C14

4. 对传承人规模C4有影响的指标包括：＿＿＿＿＿＿＿＿＿＿＿＿＿＿

C1；C2；C3；C4；C5；C6；C7；C8；C9；C10；C11；C12；C13；C14

5. 对资源实用价值C5有影响的指标包括：＿＿＿＿＿＿＿＿＿＿＿＿＿

C1；C2；C3；C4；C5；C6；C7；C8；C9；C10；C11；C12；C13；C14

6. 对开发模式C6有影响的指标包括：＿＿＿＿＿＿＿＿＿＿＿＿＿＿＿

C1；C2；C3；C4；C5；C6；C7；C8；C9；C10；C11；C12；C13；C14

7. 对创新方向C7有影响的指标包括：＿＿＿＿＿＿＿＿＿＿＿＿＿＿＿

C1；C2；C3；C4；C5；C6；C7；C8；C9；C10；C11；C12；C13；C14

8. 对创新的外部环境C8有影响的指标包括：＿＿＿＿＿＿＿＿＿＿＿＿

C1；C2；C3；C4；C5；C6；C7；C8；C9；C10；C11；C12；C13；C14

9. 对区域分布差异C9有影响的指标包括：＿＿＿＿＿＿＿＿＿＿＿＿＿

C1；C2；C3；C4；C5；C6；C7；C8；C9；C10；C11；C12；C13；C14

10. 对区域间市场竞争C10有影响的指标包括：＿＿＿＿＿＿＿＿＿＿＿

C1；C2；C3；C4；C5；C6；C7；C8；C9；C10；C11；C12；C13；C14

11. 对社会文化生态的耦合度C11有影响的指标包括：＿＿＿＿＿＿＿＿

C1；C2；C3；C4；C5；C6；C7；C8；C9；C10；C11；C12；C13；C14

12. 对适用程度C12有影响的指标包括：＿＿＿＿＿＿＿＿＿＿＿＿＿＿

C1；C2；C3；C4；C5；C6；C7；C8；C9；C10；C11；C12；C13；C14

13. 对消费水平意愿C13有影响的指标包括：＿＿＿＿＿＿＿＿＿＿＿＿

C1；C2；C3；C4；C5；C6；C7；C8；C9；C10；C11；C12；C13；C14

14. 对技艺本真程度C14有影响的指标包括：＿＿＿＿＿＿＿＿＿＿＿＿

C1；C2；C3；C4；C5；C6；C7；C8；C9；C10；C11；C12；C13；C14

附录三

问卷三：非遗适应性保护指标两两相互比较重要程度调查问卷

尊敬的受访者：

我们前期已经找出指标间的影响关系，现诚邀您完成此份问卷，旨在为这些影响关系赋值，进行量化处理。请您先浏览如下指标体系以及打分规则，完成问卷。稍显冗长，还请见谅！

感谢您的配合！祝您生活愉快！

填写目的：

本问卷旨在找出指标间两两相比较的重要程度，请圈出或加粗您认为合适的重要性等级数。

资源要素B1：资源开发价值C1；资源历史价值C2；资源经济价值C3；传承人规模C4；资源实用价值C5；

产品要素B2：开发模式C6；创新方向C7；创新的外部环境C8；

市场要素B3：区域分布差异C9；区域市场竞争C10；社会文化生态的耦合度C11；适用程度C12；消费水平意愿C13；技艺本真程度C14

例题：在适应性保护目标下，请判断资源要素B1、产品要素B2、市场要素B3两两比较的重要程度：

资源要素B1	9	8	7	6	⑤	4	3	2	1	2	3	4	5	6	7	8	9	产品要素B2
资源要素B1	9	8	7	6	5	4	③	2	1	2	3	4	5	6	7	8	9	市场要素B3
产品要素B2	9	8	7	6	5	4	3	2	①	2	3	4	5	6	7	8	9	市场要素B3

解析：即在适应性保护的目标下，资源比产品明显重要（5），资源比市场稍重要（3），产品与市场同等重要（1）。（非标准答案）

正式问卷：

1. 在适应性保护目标下，请判断资源要素B1、产品要素B2、市场要素

纺织类 非物质文化遗产价值评价及分类保护路径研究

B3两两比较的重要程度：

	9	8	7	6	5	4	3	2	1	2	3	4	5	6	7	8	9	
资源要素B1	9	8	7	6	5	4	3	2	1	2	3	4	5	6	7	8	9	产品要素B2
资源要素B1	9	8	7	6	5	4	3	2	1	2	3	4	5	6	7	8	9	市场要素B3
产品要素B2	9	8	7	6	5	4	3	2	1	2	3	4	5	6	7	8	9	市场要素B3

2. 资源要素B1下，C1到C5指标两两比较的重要程度：

	9	8	7	6	5	4	3	2	1	2	3	4	5	6	7	8	9	
资源开发价值C1	9	8	7	6	5	4	3	2	1	2	3	4	5	6	7	8	9	资源历史价值C2
资源开发价值C1	9	8	7	6	5	4	3	2	1	2	3	4	5	6	7	8	9	资源经济价值C3
资源开发价值C1	9	8	7	6	5	4	3	2	1	2	3	4	5	6	7	8	9	传承人规模C4
资源开发价值C1	9	8	7	6	5	4	3	2	1	2	3	4	5	6	7	8	9	资源实用价值C5
资源历史价值C2	9	8	7	6	5	4	3	2	1	2	3	4	5	6	7	8	9	资源经济价值C3
资源历史价值C2	9	8	7	6	5	4	3	2	1	2	3	4	5	6	7	8	9	传承人规模C4
资源历史价值C2	9	8	7	6	5	4	3	2	1	2	3	4	5	6	7	8	9	资源实用价值C5
资源经济价值C3	9	8	7	6	5	4	3	2	1	2	3	4	5	6	7	8	9	传承人规模C4
资源经济价值C3	9	8	7	6	5	4	3	2	1	2	3	4	5	6	7	8	9	资源实用价值C5
传承人规模C4	9	8	7	6	5	4	3	2	1	2	3	4	5	6	7	8	9	资源实用价值C5

3. 产品要素B2下，C6到C8指标两两比较的重要程度：

	9	8	7	6	5	4	3	2	1	2	3	4	5	6	7	8	9	
开发模式C6	9	8	7	6	5	4	3	2	1	2	3	4	5	6	7	8	9	创新方向C7
开发模式C6	9	8	7	6	5	4	3	2	1	2	3	4	5	6	7	8	9	创新的外部环境C8
创新方向C7	9	8	7	6	5	4	3	2	1	2	3	4	5	6	7	8	9	创新的外部环境C8

4. 市场要素B3下，C9到C14指标两两比较的重要程度：

	9	8	7	6	5	4	3	2	1	2	3	4	5	6	7	8	9	
区域分布差异C9	9	8	7	6	5	4	3	2	1	2	3	4	5	6	7	8	9	区域间市场竞争C10
区域分布差异C9	9	8	7	6	5	4	3	2	1	2	3	4	5	6	7	8	9	社会文化生态的耦合度C11
区域分布差异C9	9	8	7	6	5	4	3	2	1	2	3	4	5	6	7	8	9	适用程度C12
区域分布差异C9	9	8	7	6	5	4	3	2	1	2	3	4	5	6	7	8	9	消费水平意愿C13
区域分布差异C9	9	8	7	6	5	4	3	2	1	2	3	4	5	6	7	8	9	技艺本真程度C14
区域间市场竞争C10	9	8	7	6	5	4	3	2	1	2	3	4	5	6	7	8	9	社会文化生态的耦合度C11
区域间市场竞争C10	9	8	7	6	5	4	3	2	1	2	3	4	5	6	7	8	9	适用程度C12

	9	8	7	6	5	4	3	2	1	2	3	4	5	6	7	8	9	
区域间市场竞争C10	9	8	7	6	5	4	3	2	1	2	3	4	5	6	7	8	9	消费水平意愿C13
区域间市场竞争C10	9	8	7	6	5	4	3	2	1	2	3	4	5	6	7	8	9	技艺本真程度C14
社会文化生态的耦合度C11	9	8	7	6	5	4	3	2	1	2	3	4	5	6	7	8	9	适用程度C12
社会文化生态的耦合度C11	9	8	7	6	5	4	3	2	1	2	3	4	5	6	7	8	9	消费水平意愿C13
社会文化生态的耦合度C11	9	8	7	6	5	4	3	2	1	2	3	4	5	6	7	8	9	技艺本真程度C14
适用程度C12	9	8	7	6	5	4	3	2	1	2	3	4	5	6	7	8	9	消费水平意愿C13
适用程度C12	9	8	7	6	5	4	3	2	1	2	3	4	5	6	7	8	9	技艺本真程度C14
消费水平意愿C13	9	8	7	6	5	4	3	2	1	2	3	4	5	6	7	8	9	技艺本真程度C14

5. 在资源开发价值C1目标下，C2、C3指标两两比较的重要程度：

资源历史价值C2	9	8	7	6	5	4	3	2	1	2	3	4	5	6	7	8	9	资源经济价值C3

6. 在资源历史价值C2目标下，C6、C7指标两两比较的重要程度：

开发模式C6	9	8	7	6	5	4	3	2	1	2	3	4	5	6	7	8	9	创新方向C7

7. 在资源经济价值C3目标下，C9、C11指标两两比较的重要程度：

区域分布差异C9	9	8	7	6	5	4	3	2	1	2	3	4	5	6	7	8	9	社会文化生态的耦合度C11

8. 在传承人规模C4目标下，C6，C7指标两两比较的重要程度：

开发模式C6	9	8	7	6	5	4	3	2	1	2	3	4	5	6	7	8	9	创新方向C7

9. 在传承人规模C4目标下，C12，C14指标两两比较的重要程度：

适用程度C12	9	8	7	6	5	4	3	2	1	2	3	4	5	6	7	8	9	技艺本真程度C14

10. 在资源实用价值C5目标下，C10、C13指标两两比较的重要程度：

区域间市场竞争C10	9	8	7	6	5	4	3	2	1	2	3	4	5	6	7	8	9	消费水平意愿C13

11. 在开发模式C6目标下，C4、C5指标两两比较的重要程度：

传承人规模C4	9	8	7	6	5	4	3	2	1	2	3	4	5	6	7	8	9	资源实用价值C5

12. 在开发模式C6目标下，C7、C8指标两两比较的重要程度：

创新方向C7	9	8	7	6	5	4	3	2	1	2	3	4	5	6	7	8	9	创新的外部环境C8

13. 在开发模式C6目标下，C12、C13、C14指标两两比较的重要程度：

适用程度C12	9	8	7	6	5	4	3	2	1	2	3	4	5	6	7	8	9	消费水平意愿C13
适用程度C12	9	8	7	6	5	4	3	2	1	2	3	4	5	6	7	8	9	技艺本真程度C14
消费水平意愿C13	9	8	7	6	5	4	3	2	1	2	3	4	5	6	7	8	9	技艺本真程度C14

14. 在创新方向C7目标下，C4、C5指标两两比较的重要程度：

| 传承人规模C4 | 9 | 8 | 7 | 6 | 5 | 4 | 3 | 2 | 1 | 2 | 3 | 4 | 5 | 6 | 7 | 8 | 9 | 资源实用价值C5 |

15. 在创新的外部环境C8目标下，C9、C10、C11指标两两比较的重要程度：

区域分布差异C9	9	8	7	6	5	4	3	2	1	2	3	4	5	6	7	8	9	区域间市场竞争C10
区域分布差异C9	9	8	7	6	5	4	3	2	1	2	3	4	5	6	7	8	9	社会文化生态的耦合度C11
区域间市场竞争C10	9	8	7	6	5	4	3	2	1	2	3	4	5	6	7	8	9	社会文化生态的耦合度C11

16. 在区域分布差异C9目标下，C1、C2、C4指标两两比较的重要程度：

资源开发价值C1	9	8	7	6	5	4	3	2	1	2	3	4	5	6	7	8	9	资源历史价值C2
资源开发价值C1	9	8	7	6	5	4	3	2	1	2	3	4	5	6	7	8	9	传承人规模C4
资源历史价值C2	9	8	7	6	5	4	3	2	1	2	3	4	5	6	7	8	9	传承人规模C4

17. 在区域间市场竞争C10目标下，C4、C5指标两两比较的重要程度：

| 传承人规模C4 | 9 | 8 | 7 | 6 | 5 | 4 | 3 | 2 | 1 | 2 | 3 | 4 | 5 | 6 | 7 | 8 | 9 | 资源实用价值C5 |

18. 在区域间市场竞争C10目标下，C6、C7、C8指标两两比较的重要程度：

开发模式C6	9	8	7	6	5	4	3	2	1	2	3	4	5	6	7	8	9	创新方向C7
开发模式C6	9	8	7	6	5	4	3	2	1	2	3	4	5	6	7	8	9	创新的外部环境C8
创新方向C7	9	8	7	6	5	4	3	2	1	2	3	4	5	6	7	8	9	创新的外部环境C8

19. 在社会文化生态的耦合度C11目标下，C1、C3指标两两比较的重要程度：

| 资源开发价值C1 | 9 | 8 | 7 | 6 | 5 | 4 | 3 | 2 | 1 | 2 | 3 | 4 | 5 | 6 | 7 | 8 | 9 | 资源经济价值C3 |

20. 在旅游参与意愿C12目标下，C1、C4、C5指标两两比较的重要程度：

资源开发价值C1	9	8	7	6	5	4	3	2	1	2	3	4	5	6	7	8	9	传承人规模C4
资源开发价值C1	9	8	7	6	5	4	3	2	1	2	3	4	5	6	7	8	9	资源实用价值C5
传承人规模C4	9	8	7	6	5	4	3	2	1	2	3	4	5	6	7	8	9	资源实用价值C5

21. 在旅游参与意愿C12目标下，C10、C14指标两两比较的重要程度：

区域间市场竞争C10	9	8	7	6	5	4	3	2	1	2	3	4	5	6	7	8	9	技艺本真程度C14

22. 在消费水平意愿C13目标下，C4、C5指标两两比较的重要程度：

传承人规模C4	9	8	7	6	5	4	3	2	1	2	3	4	5	6	7	8	9	资源实用价值C5

23. 在技艺本真程度C14目标下，C2、C3、C4、C5指标两两比较的重要程度：

资源历史价值C2	9	8	7	6	5	4	3	2	1	2	3	4	5	6	7	8	9	资源经济价值C3
资源历史价值C2	9	8	7	6	5	4	3	2	1	2	3	4	5	6	7	8	9	传承人规模C4
资源历史价值C2	9	8	7	6	5	4	3	2	1	2	3	4	5	6	7	8	9	资源实用价值C5
资源经济价值C3	9	8	7	6	5	4	3	2	1	2	3	4	5	6	7	8	9	传承人规模C4
资源经济价值C3	9	8	7	6	5	4	3	2	1	2	3	4	5	6	7	8	9	资源实用价值C5
传承人规模C4	9	8	7	6	5	4	3	2	1	2	3	4	5	6	7	8	9	资源实用价值C5

24. 在技艺本真程度C14目标下，C6、C7指标两两比较的重要程度：

开发模式C6	9	8	7	6	5	4	3	2	1	2	3	4	5	6	7	8	9	创新方向C7

附录四

适应性测度打分表

二级指标	三级指标	打分（满分10分）
资源要素B1	资源开发价值C1	
	资源历史价值C2	
	资源经济价值C3	
	传承人规模C4	
	资源实用价值C5	
产品要素B2	开发模式C6	
	创新方向C7	
	创新的外部环境C8	
市场要素B3	区域分布差异C9	
	区域间市场竞争C10	
	社会文化生态的耦合度C11	
	适用程度C12	
	消费水平意愿C13	
	技艺本真程度C14	